稀疏支持向量回归机的构建与应用

叶娅芬 著

中国财经出版传媒集团

经济科学出版社
Economic Science Press
·北京·

图书在版编目（CIP）数据

稀疏支持向量回归机的构建与应用/叶娅芬著. --
北京：经济科学出版社，2023.12
ISBN 978-7-5218-4599-0

Ⅰ.①稀… Ⅱ.①叶… Ⅲ.①回归分析 Ⅳ.
①O212.1

中国国家版本馆 CIP 数据核字（2023）第 042269 号

责任编辑：李晓杰
责任校对：刘 昕
责任印制：张佳裕

稀疏支持向量回归机的构建与应用
叶娅芬 著
经济科学出版社出版、发行 新华书店经销
社址：北京市海淀区阜成路甲 28 号 邮编：100142
教材分社电话：010-88191645 发行部电话：010-88191522
网址：www.esp.com.cn
电子邮箱：lxj8623160@163.com
天猫网店：经济科学出版社旗舰店
网址：http://jjkxcbs.tmall.com
北京密兴印刷有限公司印装
710×1000 16 开 11 印张 200000 字
2023 年 12 月第 1 版 2023 年 12 月第 1 次印刷
ISBN 978-7-5218-4599-0 定价：46.00 元

本书受到以下基金资助：

1. 国家自然科学基金“高维数据非线性稀疏支持向量分位数回归机的在线特征选择研究”（12101552）。

2. 浙江省哲学社会科学领军人才培养基金“突发公卫事件引发的流动性风险跨市场传染及对策研究”（21YJRC07－1YB）。

3. 2023年度浙江工业大学人文社科类基本科研业务费项目跨学科研究专项，项目批准号：GB202303001。

4. 2023年度浙江工业大学人文社会科学研究基金后期资助项目。

前　言

随着数字化的不断发展，大数据对回归模型提出以下几个方面的要求：（1）稀疏性，高维数据的特征选择问题（选取重要特征，舍弃冗余或者信息含量少的特征）是回归算法面临的新挑战；（2）鲁棒性，对于含有异常点的回归问题，决策函数对异常点具有鲁棒性；（3）在线性，对于数据流决策函数的回归系数应具有在线性，能够反映在线数据流的实时变化效应；（4）异质性，高维数据具有后尾分布的异质性，如何使稀疏技术选择的特征能反映数据的整体分布特征，提取数据异质信息。

针对大数据的这些特征，本书在已有支持向量回归机的研究基础上，将从以下几个方面展开研究：（1）融入 L_1 模或 L_p 模稀疏正则项，构建稀疏支持向量回归模型，其能够从高维数据中选取相关的主要特征，舍弃无关的冗余特征，完成信息价值“提纯”；（2）设计具有鲁棒性的损失函数，使决策函数不易受异常点影响，即决策函数不受异常点的干扰，具有一定的稳健性；（3）采用增量算法，使其决策函数的回归系数具有动态性，反映数据流的实时性，克服非在线算法决策函数回归系数的固定不变性；（4）引入统计学的分位数回归思想，利用分位数精确地描述自变量对于因变量条件分布的整体影响，全面反映数据的分布特征。

面对大数据，指数构建面临前所未有的挑战：（1）如何排除噪声和异常点现象带来的干扰，是指数构建面临的第一大挑战；（2）如何舍弃信息价值低的冗余指标，保留信息价值高的代表性指标，降低数据维度，是指数构建面临的第二大挑战；（3）如何满足在线数据的高频性，构建实时动态指数凸显在线信息，是指数构建面临的第三大挑战。针对指数构建面临的这些挑战，本书设计的各种支持向量回归机恰能解决这些问题：首先，排除噪声和异常点带来的干扰，采用稀疏支持向量回归机，解决指标的选择问题，为指数构造提供高质量的“原材料”；其次，针对数据在线的特点，采用在线支持向量回归机，确定代表性指标的动态权重，凸显数据的实时动态效应。

本书是数学、统计学与机器学习的交叉研究，但由于笔者水平有限，书中难免有不妥之处，欢迎读者批评指正，请联系 yafenye@163. com.

叶娅芬

2023 年 12 月

目录

Contents

第一篇

开 场 篇

第一章

绪　论

第一节　高维数据的稀疏性

数据科学是一门从数据中提取知识的新兴交叉学科，横跨数学、统计学和机器学习等诸多领域（Dhar，2013；Neil & Schutt，2013）。发展高维数据挖掘的稀疏学习技术，解决“维数灾难”问题，是数据科学研究的热点和难点。高维数据，如基因序列表达（Dondelinger，2020）、图像识别（Yu et al.，2016）、房地产交易（Wang et al.，2020）等，具有信息价值密度低、维度高而样本量少、类型繁多且异质等特点。如何发展稀疏技术从高维数据中选取相关的主要特征，舍弃无关的冗余特征，完成信息价值“提纯”，即特征选择，是高维数据挖掘的核心任务。特征选择能保留原有数据的有用信息，降低数据的维度，从而降低模型的复杂度，缓解存储压力，增强运算效率。因此，特征选择一方面具有数据“瘦身”功能，另一方面可以降低学习任务的复杂度，提高学习效率。

特征选择方法包括过滤式选择、包装式选择和嵌入式选择（Li & Wang，2020）。嵌入式选择指学习器在训练过程中，根据权重系数来选择特征，具有包装式特征选择的精度，同时具有过滤式特征选择的效率，是当前特征选择的主流方法。稀疏支持向量机（Sparse Support Vector Machine，SSVM）是一种有力的嵌入式特征选择技术，能有效解决高维小样本问题（Vapnik，1998；Bennett et al.，2003；Liu & Lin，2008）。对应回归问题有稀疏支持向量回归机（SSVR）（Bradley & Mangasarian，1998；Tanveer et al.，2016；Wang et al.，2019），亦可提供嵌入式特征选择技术，且特征选择结果具有较好的可解释性。L_1－模支持向量回归机（L_1－norm Support Vector Regression，L_1－SVR）采用L_1－模正则项，其解具有稀疏性且一些解分量为0，具有特征选择功能。L_p－模支持向量回归机（L_p－norm Support Vector Regression，L_p－SVR）（$0<p<1$）采用L_p－模正则项（Zhang et al.，2013），其解更具有稀疏性，有更多解分量为0，特征选择能力更强。

在现实问题中高维数据具有非线性、实时性和异质性等特点，并且各种特点常常交织出现（Li et al.，2017），如在金融股票市场中，影响在线高频交易的因子成千上万，且内部结构错综复杂，数据具有高维性、非线性和实时性，同时具有后尾分布的异质性（Zhang et al.，2018；Zhou et al.，2020）。针对现实高维数据潜在的复杂特性，本书在已有稀疏支持向量回归机的研究基础上，将从以下三个重要问题展开研究：

（1）在高维数据的稀疏学习方面，如何使稀疏支持向量回归机选取的特征能体现数据内部的非线性结构，捕获数据的非线性信息？

（2）在高维在线数据的稀疏学习方面，如何使稀疏支持向量回归机能够实现在线实时特征选择，凸显数据的在线实时信息？

（3）在高维数据的异质信息研究方面，如何使稀疏支持向量回归机选择的特征能反映数据的整体分布特征，提取数据的异质信息？

第二节 稀疏支持向量回归机的研究现状

目前，与本书相关的主要研究有：（1）稀疏支持向量回归机的特征选择研究；（2）在线稀疏支持向量回归机的特征选择研究；（3）稀疏分位数回归机的特征选择研究；（4）特征选择模型的求解算法。

一、稀疏支持向量回归机特征选择的研究现状

支持向量回归机（Support Vector Regression，SVR）采用 ε - 不敏感损失函数（Drucker et al.，1997），构造稀疏支持向量，反映数据边缘信息。但是由于 SVR 采用 L_2 - 模正则项使其解缺乏稀疏性，特征选择能力较差。叶等（Ye et al.，2017）引入 L_1 - 模正则项，并替代 SVR 的 L_2 - 模正则项，构造 L_1 - 模支持向量回归机。L_1 - SVR 解向量具有稀疏性，是典型的嵌入式特征选择。面对复杂的高维数据，有时 L_1 - 模的稀疏程度不够，可能有些被选特征仍是冗余的，采用 L_p - 模正则项替代 L_1 - 模正则项，构造 L_p - 模支持向量回归机（Ye et al.，2017）。L_p - SVR 比 L_1 - SVR 稀疏性更强，特征选择效果更佳。

然而 L_1 - SVR 和 L_p - SVR 只能处理线性特征选择，不能满足非线性的特征选择要求。可借鉴非线性稀疏支持向量机（Onel et al.，2018；Guzman，2016；Zhai & Boukouvala，2019）的特征选择思想，在核空间中引入 0 - 1 二元变量，其中 1 表示需选择对应的特征，0 表示需舍弃对应的特征，设计非线性稀疏支持向量回归机，从而实现非线性特征选择的要求。

L_1 - SVR、L_p - SVR 和非线性稀疏 SVR 主要针对单来源数据，但现实问题中的数据有时是多来源，误差项也不符合独立同分布的假设，常会出现尖峰、后尾或异方差等现象。然而 L_1 - SVR、L_p - SVR 和非线性稀疏 SVR 只能反映自变量对因变量条件均值的影响，不能反映数据的整体分布特征和异质信息。

二、在线稀疏支持向量回归机特征选择的研究现状

如何对高维在线数据进行特征选择，全面反映在线数据的实时信息，是在线稀疏学习的主要任务。在线稀疏学习模式主要包括（Li et al.，2017）：（1）样本总数给定，特征流模式（Wu et al.，2012）；（2）特征给定，样本式数据流模式（Wang et al.，2013；Shu et al.，2020）；（3）样本数据流和特征流模式（Sekeh et al.，2019）。然而目前这三种在线稀疏学习模式主要探究分类问题，而探究在线稀疏的回归问题却很少见。

为了凸显在线数据的实时信息，在线支持向量回归机（Online Support Vector Regression，OL－SVR）以其对偶问题的 KKT（Karush－Kuhn－Tucher）条件为基础，采用增量算法实现模型实时更新（Ma et al.，2003；Parrella，2007）。但是，OL－SVR 有其缺陷：一方面由于它采用 L_2－模正则项，其解缺乏稀疏性，不能满足高维数据特征选择的要求；另一方面它属于条件均值回归，不能反映数据的整体分布特征，不利于捕捉数据的异质信息。

三、稀疏分位数回归机的特征选择研究现状

在高维统计学中最小绝对收缩与选择算子（Least absolute shrinkage and selection operator，Lasso）采用 L_1－模正则项，解向量具有稀疏性，有特征选择的功能（Tibshirani，1996）。Lasso 嵌入式特征选择采用最小二乘损失函数，属于条件均值回归，只能反映数据的均值情况，不能反映数据的整体分布特征。

科恩克等（Koenker et al.，1978）提出的分位数回归（Quantile Regression，QR）研究自变量和因变量的条件分位数关系，反映自变量对因变量整体条件分布的影响，尤其关注尾部的分布特征，能提取数据的异质信息。QR 采用 pinball 损失函数，使用分位数加权的误差项绝对值之和来估计参数，随着分位数在 0～1 的变化，得到所有自变量对因变量条件分布轨迹的一簇曲线，全面捕捉因变量的条件分布特征，且对随机误差项无需做分布假定，回归结果具有较强的鲁棒性。科恩克（2004）进一步结合分位数回归和 Lasso 的优点，推出 Lasso 分位数回归（Lasso－Quantile Regression，Lasso－QR）。Lasso－QR 的特征选择能抓取数据的异质信息，拓展模型主要有 L_1－模分位数回归（Li & Zhu，2008；Belloni & Chernozhukov，2011）、贝叶斯 Lasso－QR（Tian et al.，2019）、随机分位数 Lasso（Wang et al.，2019）等。Lasso－QR 系列的稀疏模型能反映自变量对因变量整体条件分布的影响，获取高维数据的异质信息，但该嵌入式特征选择只能处理线性问题，不能满足高维数据非线性的特征选择要求。

阿南德等（Anand et al.，2020）将分位数回归思想融入 SVR，提出支持向量分位数回归机（Support Vector Quantile Regression，SVQR）。SVQR 采用分位数设计 ε－不敏感 Pinball 损失函数，能反映自变量对不同分位点因变量产生

的影响，提取数据的异质信息，但 SVQR 采用 L_2 - 模正则项，解稀疏性较差，不适合做高维数据的特征选择。

四、特征选择模型求解算法的研究现状

无论稀疏支持向量回归机还是 Lasso 系列，一般采用逼近正则化的优化模型，即在模型中采用 L_1 - 模（Arslan，2012）、弹性网络（Zou & Hastie，2005）或 L_p - 模（$0<p<1$）（Xu et al.，2010）。针对 L_1 - 模的不可微性，叶等（Ye et al.，2019）采用交替方向乘子算法（Alternating Direction Method of Multipliers，ADMM）求解，王等（Wang et al.，2019）采用随机双坐标上升（Stochastic Dual Coordinate Ascent，SDCA）算法求解。针对 L_p - 模的非凸性和不可微性，采用逐次线性化算法（Successive Linear Algorithm，SLA）求解。SLA 算法在有界多边形的凹问题上具有收敛性，但存在奇异性问题。因此，李等（Li et al.，2021）采用光滑逼近算法处理 L_p - 模的非凸性和不可微性，并引入参数解决奇异问题。由此可见，快速有效求解 L_p - 模优化问题是稀疏支持向量回归机研究的热点和难点。

关于非线性特征选择领域，塔亚尔等（Tayal et al.，2014）引入特征加权向量，构建 L_1 - 模支持向量机，采用信赖域算法（Trust Region Method）求解。白等（Bai et al.，2014）引入 0 - 1 二元变量，建立非线性支持向量机，采用交替迭代贪婪算法（Alternate Iterative Greedy Algorithm）求解。非线性稀疏 SVR 是非凸混合整数非线性优化问题，求内层非线性优化问题的对偶问题后，将原始优化问题转化为极小极大模型，求其全局最优解很困难（Zhai & Boukouvala，2019）。因此，如何快速有效求解非线性稀疏优化问题是目前研究的难点。

在线支持向量回归机一般采用增量算法求解（Zhou & Yin，2020）。当加载新样本时，增量算法以对偶问题的 KKT 条件为基础，实现模型的在线实时更新，只保留对决策函数有作用的新加载样本。因此，增量算法不但能在线实时更新决策函数，而且具有样本选择功能，提高运算效率。然而，目前大部分增量算法只针对经典在线支持向量回归机及其改进，而对在线非线性稀疏支持向量回归机的快速有效求解算法则比较匮乏。

第二篇

技 术 篇

第二章

支持向量机

本章首先介绍支持向量回归机的理论，然后结合大数据需求介绍支持向量回归机的拓展模型。支持向量回归机是支持向量机（Support Vector Machine，SVM）的重要组成部分，SVM 是建立在统计学习理论（Statistical Learning Theory，SLT）和最优化理论基础上的数据挖掘方法（Vapnik，1995），能解决小样本、维数灾难、过学习等问题。本章主要参照邓乃扬和田英杰的著作《支持向量机》[①]，介绍支持向量回归机的理论部分。

大数据时代下，回归算法的现实应用主要有以下几个方面的要求：（1）训练速度，庞大的样本量对回归算法的训练速度提出新挑战；（2）稀疏性，“高维”数据的特征选择问题，选取重要特征，舍弃“冗余”或者信息含量少的特征，是回归算法面临的新挑战；（3）鲁棒性，对于含有异常点的回归问题，决策函数对异常点具有鲁棒性，即决策函数不受异常点的干扰，决策函数具有一定的稳健性；（4）在线学习，对于数据流问题，决策函数的回归系数具有在线性，能够反映在线数据流的实时变化效应，克服非在线算法决策函数回归系数的固定不变性；（5）融入分位数回归（Quantile Regression，QR）思想，对于异质、后尾的数据分布特征，QR 采用 pinball 损失函数，使用分位数加权的误差项绝对值之和来估计参数，随着分位数由 0 ~ 1 的变化，得到所有自变

① 邓乃扬，田英杰. 支持向量机——理论、算法与拓展［M］. 北京：科学出版社，2009.

量对因变量条件分布轨迹的一簇曲线，全面捕捉因变量的条件分布特征，且对随机误差项无需做分布假定，回归结果具有较强的鲁棒性。

第一节　线性模型

一、优化理论

（一）欧式空间上的凸规划

1. 凸规划

凸集的定义：集合 $S \subset R^n$，如果对任意 x_1，$x_2 \in S$ 和任意 $\lambda \in [0, 1]$，都有：

$$\lambda x_1 + (1-\lambda) x_2 \in S \tag{2-1}$$

则集合 S 是凸集。

凸函数的定义：设 $S \subset R^n$ 是非空凸集，f 是定义在 S 上的函数，如果对任意 x_1，$x_2 \in S$ 和任意 $\lambda \in [0, 1]$，都有：

$$f(\lambda x_1 + (1-\lambda x_2)) \leqslant \lambda f(x_1) + (1-\lambda) f(x_2) \tag{2-2}$$

则称 f 为 S 上的凸函数。

凸规划问题，对于最优化问题：

$$\begin{aligned} &\min f_0(x),\ x \in R^n \\ &\text{s. t. } f_i(x) \leqslant 0,\ i = 1,\ \cdots,\ m \\ &h_i(x) = a_i^T x - b_i,\ i = 1,\ \cdots,\ p \end{aligned} \tag{2-3}$$

如果 $f_0(x)$ 和 $f_i(x)$ 都是定义在 R^n 上的连续可微的凸函数，且 $h_i(x)$ 是线性函数，则该优化问题为凸规划问题。

凸二次规划问题，对于二次规划问题：

$$\min \frac{1}{2} x^T H x + r^T x,\ x \in R^n$$

$$\text{s. t. } \bar{A} x - \bar{b} \leqslant 0$$

$$Ax - b = 0 \tag{2-4}$$

如果 H 为 $n \times n$ 的半正定矩阵，$r \in R^n$，$\overline{A} \in R^{m \times n}$，$A \in R^{p \times n}$，$\overline{b} \in R^m$，$b \in R^p$，则该二次规划问题为凸规划问题，即为凸二次规划问题。

2. 凸规划的对偶问题

记凸规划问题（2-3）的可行域 D 为：

$$D = \{x \mid f_i(x) \leqslant 0,\ i = 1,\ \cdots,\ m;\ h_i(x) = a_i^T x - b_i = 0,\ i = 1,\ \cdots,\ p;\ x \in R^n\} \tag{2-5}$$

其最优解为 p^* 为：

$$p^* = \inf\{f_0(x) \mid x \in D\} \tag{2-6}$$

引进拉格朗日函数（以下简称 Lagrange 函数）：

$$L(x,\ \lambda,\ \upsilon) = f_0(x) + \sum_{i=1}^{m} \lambda_i f_i(x) + \sum_{i=1}^{p} \upsilon_i h_i(x) \tag{2-7}$$

其中，$\lambda = (\lambda_1,\ \lambda_2,\ \cdots,\ \lambda_m)^T$ 和 $\upsilon = (\upsilon_1,\ \upsilon_2,\ \cdots,\ \upsilon_p)^T$ 是 Lagrange 乘子向量。当 $x \in D$，$\lambda \geqslant 0$ 时，有：

$$L(x,\ \lambda,\ \upsilon) \leqslant f_0(x) \tag{2-8}$$

因而：

$$\inf_{x \in R^n} L(x,\ \lambda,\ \upsilon) \leqslant \inf_{x \in D} L(x,\ \lambda,\ \upsilon) \leqslant \inf_{x \in D} f_0(x) = p^* \tag{2-9}$$

令：

$$g(\lambda,\ \upsilon) = \inf_{x \in R^n} L(x,\ \lambda,\ \upsilon) \tag{2-10}$$

则有：

$$g(\lambda,\ \upsilon) \leqslant p^*$$

由此表明对任意 $\lambda \geqslant 0$，$g(\lambda,\ \upsilon)$ 是 p^* 的一个下界。若要寻找最好的下界，则得如下优化问题：

$$\max\ g(\lambda,\ \upsilon) = \inf_{x \in R^n} L(x,\ \lambda,\ \upsilon)$$
$$\text{s. t. } \lambda \geqslant 0 \tag{2-11}$$

则称优化问题（2-11）为凸规划问题（2-3）关于 Lagrange 函数（2-7）的对偶问题，称式（2-3）为原始问题。

3. 凸规划的最优条件

考虑凸规划问题（2-3），如果存在着该问题中约束条件对应的乘子向量 $\lambda^* = (\lambda_1^*,\ \lambda_2^*,\ \cdots,\ \lambda_m^*)^T$ 和 $\upsilon^* = (\upsilon_1^*,\ \upsilon_2^*,\ \cdots,\ \upsilon_p^*)^T$，使得 Lagrange 函数：

$$L(x, \lambda, \upsilon) = f_0(x) + \sum_{i=1}^{m} \lambda_i f_i(x) + \sum_{i=1}^{p} \upsilon_i h_i(x) \tag{2-12}$$

满足：

$$f_i(x^*) \leqslant 0, \ i=1, \cdots, m$$
$$h_i(x^*) = 0, \ i=1, \cdots, p$$
$$\lambda_i^* \geqslant 0, \ i=1, \cdots, m$$
$$\lambda_i^* f_i(x^*) = 0, \ i=1, \cdots, m$$
$$\nabla_x L(x^*, \lambda^*, \upsilon^*) = \nabla f_0(x^*) + \sum_{i=1}^{m} \lambda_i^* \nabla f_i(x^*) + \sum_{i=1}^{p} \upsilon_i^* \nabla h_i(x^*) = 0 \tag{2-13}$$

则称 x^* 满足 KKT 条件。

定理：考虑凸规划问题（2－3），若 x^* 满足 KKT 条件，则 x^* 是该问题的解。该定理的具体证明请参阅邓乃扬和田英杰的著作《支持向量机——理论、算法与拓展》。

（二）Hilbert 空间上的凸规划

1. 凸规划问题

弗雷切特导数（以下使用 Fréchet 导数）定义：设 f 是从希尔伯特空间（以下使用 Hilbert 空间）H 到实数 R 的映射，$\bar{x} \in H$，如果存在从 H 到 R 的有界线性映射（$a \cdot h$），其中 $a \in H$，使得：

$$f(\bar{x} + h) - f(\bar{x}) - (a \cdot h) = o(\|h\|) \tag{2-14}$$

则称映射 f 在点 $\bar{x}$ 处是 Fréchet 可微的，并称式（2－14）中的内积（$a \cdot h$）中的元素 a 为 f 在点 $\bar{x}$ 处的 Fréchet 导数，记为 $\nabla f(\bar{x}) = a$。

Hilbert 空间上的凸规划问题：最优化问题

$$\min f_0(x), \ x \in H$$
$$\text{s.t. } f_i(x) \leqslant 0, \ i=1, \cdots, m$$
$$h_i(x) = (a_i \cdot x) - b_i = 0, \ i=1, \cdots, p \tag{2-15}$$

如果 $f_0(x)$ 和 $f_i(x)$ 都是从 Hilbert 空间 H 到实数 R 上的连续可微的凸映射，而 $h_i(x) = (a_i \cdot x) - b_i$，$i=1, \cdots, p$ 是线性连续映射，则该优化问题是 Hilbert 空间上的凸规划。

Hilbert 空间上的二次凸规划问题：二次规划问题

$$\min \frac{1}{2}x^T Hx + (r \cdot x),\ x \in H$$
$$\text{s. t. } \bar{A}x - \bar{b} \leqslant 0$$
$$Ax - b = 0 \tag{2-16}$$

如果 H、$\bar{A}$ 和 A 分别是从 Hilbert 空间 H 到 H、R^m 和 R^p 上的线性连续映射，$\bar{b} \in R^m$，$b \in R^p$，$r \in H$，H 为半正定，则该二次规划问题为 Hilbert 空间的凸规划问题，即为凸二次规划问题。

2. 凸规划的对偶理论

与欧式空间凸规划的 Lagrange 函数对应，对式（2－14）引进 Lagrange 映射：

$$L(x,\ \lambda,\ \upsilon) = f_0(x) + \sum_{i=1}^{m} \lambda_i f_i(x) + \sum_{i=1}^{p} \upsilon_i h_i(x) \tag{2-17}$$

其中，$\lambda = (\lambda_1,\ \lambda_2,\ \cdots,\ \lambda_m)^T$ 和 $\upsilon = (\upsilon_1,\ \upsilon_2,\ \cdots,\ \upsilon_p)^T$ 是 Lagrange 乘子向量。类似地，可以得到 Hilbert 空间上的凸规划问题（2－15）的对偶问题。

对偶问题定义：

$$\max g(\lambda,\ \upsilon) = \inf_{x \in H} L(x,\ \lambda,\ \upsilon)$$
$$\text{s. t. } \lambda \geqslant 0 \tag{2-18}$$

为 Hilbert 凸规划问题（2－15）关于 Lagrange 映射（2－16）的对偶问题。

3. 凸规划的最优条件

类似欧式空间的凸规划的 KKT 条件，Hilbert 空间凸规划问题（2－14）的 KKT 条件为：

$$f_i(x^*) \leqslant 0,\ i = 1,\ \cdots,\ m$$
$$h_i(x^*) = 0,\ i = 1,\ \cdots,\ p$$
$$\lambda_i^* \geqslant 0,\ i = 1,\ \cdots,\ m$$
$$\lambda_i^* f_i(x^*) = 0,\ i = 1,\ \cdots,\ m$$
$$\nabla_x L(x^*,\ \lambda^*,\ \upsilon^*) = \nabla f_0(x^*) + \sum_{i=1}^{m} \lambda_i^* \nabla f_i(x^*) + \sum_{i=1}^{p} \upsilon_i^* \nabla h_i(x^*) = 0 \tag{2-19}$$

二、线性支持向量机

（一）线性可分问题的支持向量分类机

线性可分的原始问题为：

$$\max_{w,b}\frac{1}{2}\|w\|^2$$

$$\text{s.t. } y_i((w\cdot x_i)+b)\geqslant 1,\ i=1,\ \cdots,\ l \tag{2-20}$$

为了导出该原始问题的对偶问题，引入 Lagrange 函数：

$$L(w,\ b,\ \alpha)=\frac{1}{2}\|w\|^2-\sum_{i=1}^{l}\alpha_i(y_i((w\cdot x_i)+b)-1) \tag{2-21}$$

其中，$\alpha=(\alpha_1,\ \cdots,\ \alpha_l)^T$ 为 Lagrange 乘子向量。原始问题（2－19）的对偶问题为：

$$\max_{\alpha}-\frac{1}{2}\sum_{i=1}^{l}\sum_{j=1}^{l}y_iy_j(x_i\cdot x_j)\alpha_i\alpha_j+\sum_{j=1}^{l}\alpha_j$$

$$\text{s.t. }\sum_{i=1}^{l}y_i\alpha_j=0$$

$$\alpha_i\geqslant 0,\ i=1,\ \cdots,\ l \tag{2-22}$$

支持向量的定义：设 $\alpha^*=(\alpha_1^*,\ \cdots,\ \alpha_l^*)^T$ 为原始问题（2－20）的解，如果 α^* 的分量 α_i^* 非零，则称其所对应的训练点（x_i，y_i）的输入 x_i 为支持向量，否则称 x_i 为非支持向量。

（二）线性支持向量分类机

设训练集为：

$$T=\{(x_1,\ y_1),\ \cdots(x_l,\ y_l)\}\in(R^n\times Y)^l \tag{2-23}$$

其中，$x_i\in R^n$，$y_i\in Y=\{1,\ -1\}$。

引入松弛变量：

$$\xi_i\geqslant 0,\ i=1,\ 2,\ \cdots,\ l \tag{2-24}$$

可得式（2－20）的“软化”了的约束条件：

$$y_i((w\cdot x_i)+b)\geqslant 1-\xi_i,\ i=1,\ \cdots,\ l \tag{2-25}$$

则式（2－20）可变为：

$$\min_{w,b,\xi}\frac{1}{2}\|w\|^2 + C\sum_{i=1}^{l}\xi_i$$
$$\text{s. t. } y_i((w\cdot x_i)+b)\geqslant 1-\xi_i,\ i=1,\ \cdots,\ l$$
$$\xi_i\geqslant 0,\ i=1,\ \cdots,\ l \tag{2-26}$$

其中，$\xi=(\xi_1,\ \cdots,\ \xi_l)^T$，$C>0$ 是一个惩罚参数。

引入 Lagrange 函数：

$$L(w,\ b,\ \xi,\ \alpha,\ \beta) = \frac{1}{2}\|w\|^2 + C\sum_{i=1}^{l}\xi_i - \sum_{i=1}^{l}\alpha_i(y_i((w\cdot x_i)+b)-1+\xi_i) - \sum_{i=1}^{l}\beta_i\xi_i \tag{2-27}$$

其中，$\alpha=(\alpha_1,\ \cdots,\ \alpha_l)^T$ 和 $\beta=(\beta_1,\ \cdots,\ \beta_l)^T$ 均为 Lagrange 乘子向量。

则可得原始问题（2－26）的对偶问题：

$$\max_{w,b} -\frac{1}{2}\sum_{i=1}^{l}\sum_{j=1}^{l}y_iy_j(x_i\cdot x_j)\alpha_i\alpha_j + \sum_{j=1}^{l}\alpha_j$$
$$\text{s. t. } \sum_{i=1}^{l}y_i\alpha_j = 0$$
$$C-\alpha_i-\beta_i=0,\ i=1,\ \cdots,\ l$$
$$\alpha_i\geqslant 0,\ i=1,\ \cdots,\ l$$
$$\beta_i\geqslant 0,\ i=1,\ \cdots,\ l \tag{2-28}$$

进一步对式（2－28）整理可得：

$$\max_{w,b} -\frac{1}{2}\sum_{i=1}^{l}\sum_{j=1}^{l}y_iy_j(x_i\cdot x_j)\alpha_i\alpha_j + \sum_{j=1}^{l}\alpha_j$$
$$\text{s. t. } \sum_{i=1}^{l}y_i\alpha_j = 0$$
$$C\leqslant\alpha_i\leqslant C,\ i=1,\ \cdots,\ l \tag{2-29}$$

式（2－27）的解为：

$$w^* = \sum_{i=1}^{l}\alpha_i^* y_i x_i \tag{2-30}$$

$$b^* = y_j - \sum_{i=1}^{l}\alpha_i^* y_i(x_i\cdot x_j) \tag{2-31}$$

综上所述，可得线性支持向量分类机的算法如下：

（1）给定训练集 $T=\{(x_1,\ y_1),\ \cdots,\ (x_l,\ y_l)\}\in(R^n\times Y)^l$，其中 $x_i\in R^n$，

$y_i \in Y = \{1, -1\}$，$i = 1, \cdots, l$；

（2）选择适当的惩罚参数 $C > 0$；

（3）构造并求解凸二次规划问题：

$$\max_{w,b} -\frac{1}{2}\sum_{i=1}^{l}\sum_{j=1}^{l} y_i y_j (x_i \cdot x_j)\alpha_i\alpha_j + \sum_{j=1}^{l}\alpha_j$$

$$\text{s. t.} \sum_{i=1}^{l} y_i\alpha_j = 0$$

$$C \leqslant \alpha_i \leqslant C, \ i = 1, \cdots, l$$

得解 $\alpha^* = (\alpha_1^*, \cdots, \alpha_l^*)^T$；

（4）计算 w^* 和 b^*：

$$w^* = \sum_{i=1}^{l}\alpha_i^* y_i x_i$$

$$b^* = y_j - \sum_{i=1}^{l}\alpha_i^* y_i (x_i \cdot x_j)$$

（5）构造分划超平面 $(w^* \cdot x) + b^* = 0$，由此求得决策函数 $f(x) = \text{sgn}(g(x))$，其中 $g(x) = \sum_{i=1}^{l} y_i\alpha_i^*(x_i \cdot x) + b^*$。

三、线性支持向量回归机

回归问题：给定训练集

$$T = \{(x_1, y_1), \cdots, (x_l, y_l)\} \in (R^n \times Y)^l$$

其中，$x_i \in R^n$ 是输入向量，$y_i \in Y = R$ 是输出指标，R 是实数集合。寻找 R^n 上的一个实值函数 $f(x)$，以便用 $y = f(x)$ 来推断任一输入 x 所对应的输出值 y。具体线性决策函数表示为：

$$y = f(x) = (w \cdot x) + b$$

其中，$w \in R^n$，$b \in R$。

（一）线性硬 ε－带支持向量回归机

线性硬 ε－带支持向量回归机的原始问题为：

$$\min_{w,b}\frac{1}{2}\|w\|^2$$

$$\text{s.t.}\ (w \cdot x_i) + b - y_i \leqslant \varepsilon,\ i = 1,\ \cdots,\ l$$
$$y_i - (w \cdot x_i) - b \leqslant \varepsilon,\ i = 1,\ \cdots,\ l \tag{2-32}$$

为了求其对偶问题，引入 Lagrange 函数：

$$L(w,\ b,\ \alpha,\ \alpha^*) = \frac{1}{2}\|w\|^2 - \sum_{i=1}^{l} \alpha_i(\varepsilon + y_i - (w \cdot x_i) - b) - \sum_{i=1}^{l} \alpha_i^*(\varepsilon - y_i + (w \cdot x_i) + b) \tag{2-33}$$

其中，$\alpha = (\alpha_1,\ \cdots,\ \alpha_l)^T$，$\alpha^* = (\alpha_1^*,\ \cdots,\ \alpha_l^*)^T$ 为 Lagrange 乘子向量。进一步求解可得原始问题（2-31）的对偶问题：

$$\max_{\alpha \in R, \alpha^* \in R} -\frac{1}{2}\sum_{i,j=1}^{l} (\alpha_i^* - \alpha_i)(\alpha_j^* - \alpha_j)(x_i \cdot x_j) - \varepsilon \sum_{i=1}^{l} (\alpha_i^* + \alpha_i) + \sum_{i=1}^{l} y_i(\alpha_i^* - \alpha_i)$$
$$\text{s.t.}\ \sum_{i=1}^{l} (\alpha_i^* - \alpha_i) = 0$$
$$\alpha_i \geqslant 0,\ i = 1,\ \cdots,\ l$$
$$\alpha_i^* \geqslant 0,\ i = 1,\ \cdots,\ l \tag{2-34}$$

由此可得线性硬 ε-带支持向量回归机的算法：

（1）给定训练集 $T = \{(x_1,\ y_1),\ \cdots,\ (x_l,\ y_l)\} \in (R^n \times Y)^l$，其中 $x_i \in R^n$，$y_i \in Y = R$，$i = 1,\ \cdots,\ l$；

（2）选择适当的参数 $\varepsilon > 0$；

（3）构造并求解凸二次规划问题：

$$\min_{\alpha \in R, \alpha^* \in R} \frac{1}{2}\sum_{i,j=1}^{l} (\alpha_i^* - \alpha_i)(\alpha_j^* - \alpha_j)(x_i \cdot x_j) + \varepsilon \sum_{i=1}^{l} (\alpha_i^* + \alpha_i) - \sum_{i=1}^{l} y_i(\alpha_i^* - \alpha_i)$$
$$\text{s.t.}\ \sum_{i=1}^{l} (\alpha_i^* - \alpha_i) = 0$$
$$\alpha_i \geqslant 0,\ i = 1,\ \cdots,\ l$$
$$\alpha_i^* \geqslant 0,\ i = 1,\ \cdots,\ l$$

解得 $\bar{\alpha} = (\bar{\alpha}_1,\ \cdots,\ \bar{\alpha}_l)^T$ 和 $\bar{\alpha}^* = (\bar{\alpha}_1^*,\ \cdots,\ \bar{\alpha}_l^*)^T$；

（4）计算 $\bar{w} = \sum_{i=1}^{l} (\bar{\alpha}_i^* - \bar{\alpha}_i)x_i$，$\bar{b} = y_j - (\bar{w} \cdot x_j) + \varepsilon$；

（5）构造决策函数 $y = f(x) = (\bar{w} \cdot x) + \bar{b}$。

支持向量的定义：设 $\bar{\alpha} = (\bar{\alpha}_1,\ \cdots,\ \bar{\alpha}_l)^T$ 和 $\bar{\alpha}^* = (\bar{\alpha}_1^*,\ \cdots,\ \bar{\alpha}_l^*)^T$ 为问题

（2-31）的解，如果 $\bar{\alpha}$ 和 $\bar{\alpha}^*$ 对应的分量 $\bar{\alpha}_i \neq 0$ 或 $\bar{\alpha}_i^* \neq 0$，则称其对应的训练点（x_i，y_i）为支持向量，否则为非支持向量。

（二）线性 ε－支持向量回归机

为"软化"硬 ε－支持向量回归机的原始问题，引入松弛变量 $\xi^* = (\xi_1^*, \cdots, \xi_l^*)^T$ 和惩罚系数 C，得到线性 ε－支持向量回归机的原始问题为：

$$
\begin{aligned}
&\min_{w,b,\xi} \frac{1}{2}\|w\|^2 + C\sum_{i=1}^{l}(\xi_i + \xi_i^*) \\
&\text{s.t.}\ (w \cdot x_i) + b - y_i \leqslant \varepsilon + \xi_i,\ i = 1, \cdots, l \\
&y_i - (w \cdot x_i) - b \leqslant \varepsilon + \xi_i^*,\ i = 1, \cdots, l \\
&\xi_i \geqslant 0,\ \xi_i^* \geqslant 0,\ i = 1, \cdots, l
\end{aligned} \tag{2-35}
$$

该原始问题的对偶问题为：

$$
\begin{aligned}
&\max_{\alpha,\alpha^*,\eta,\eta^*} -\frac{1}{2}\sum_{i,j=1}^{l}(\alpha_i^* - \alpha_i)(\alpha_j^* - \alpha_j)(x_i \cdot x_j) - \varepsilon\sum_{i=1}^{l}(\alpha_i^* + \alpha_i) + \sum_{i=1}^{l} y_i(\alpha_i^* - \alpha_i) \\
&\text{s.t.}\ \sum_{i=1}^{l}(\alpha_i^* - \alpha_i) = 0 \\
&C - \alpha_i - \eta_i = 0,\ i = 1, \cdots, l \\
&C - \alpha_i^* - \eta_i^* = 0,\ i = 1, \cdots, l \\
&\alpha_i \geqslant 0,\ \alpha_i^* \geqslant 0,\ i = 1, \cdots, l \\
&\eta_i \geqslant 0,\ \eta_i^* \geqslant 0,\ i = 1, \cdots, l
\end{aligned} \tag{2-36}
$$

该对偶问题可进一步简化为：

$$
\begin{aligned}
&\max_{\alpha,\alpha^*} -\frac{1}{2}\sum_{i,j=1}^{l}(\alpha_i^* - \alpha_i)(\alpha_j^* - \alpha_j)(x_i \cdot x_j) - \varepsilon\sum_{i=1}^{l}(\alpha_i^* + \alpha_i) + \sum_{i=1}^{l} y_i(\alpha_i^* - \alpha_i) \\
&\text{s.t.}\ \sum_{i=1}^{l}(\alpha_i^* - \alpha_i) = 0 \\
&0 \leqslant \alpha_i \leqslant C,\ i = 1, \cdots, l \\
&0 \leqslant \alpha_i^* \leqslant C,\ i = 1, \cdots, l \\
&\alpha_i \geqslant 0,\ i = 1, \cdots, l \\
&\alpha_i^* \geqslant 0,\ i = 1, \cdots, l
\end{aligned} \tag{2-37}
$$

综上所述，线性 ε－支持向量回归机的算法如下：

（1）给定训练集 $T = \{(x_1, y_1), \cdots, (x_l, y_l)\} \in (R^n \times Y)^l$，其中 $x_i \in R^n$，$y_i \in Y = R$，$i = 1, \cdots, l$；

（2）选择适当的参数 $\varepsilon>0$ 和惩罚参数 $C>0$；

（3）构造并求解凸二次规划问题：

$$\max_{\alpha,\alpha^*} -\frac{1}{2}\sum_{i,j=1}^{l}(\alpha_i^*-\alpha_i)(\alpha_j^*-\alpha_j)(x_i\cdot x_j)-\varepsilon\sum_{i=1}^{l}(\alpha_i^*+\alpha_i)+\sum_{i=1}^{l}y_i(\alpha_i^*-\alpha_i)$$

$$\text{s.t.}\ \sum_{i=1}^{l}(\alpha_i^*-\alpha_i)=0$$

$$0\leqslant\alpha_i\leqslant C,\ i=1,\ \cdots,\ l$$

$$0\leqslant\alpha_i^*\leqslant C,\ i=1,\ \cdots,\ l$$

$$\alpha_i\geqslant 0,\ i=1,\ \cdots,\ l$$

$$\alpha_i^*\geqslant 0,\ i=1,\ \cdots,\ l$$

解得 $\bar{\alpha}=(\bar{\alpha}_1,\ \cdots,\ \bar{\alpha}_l)$ 和 $\bar{\alpha}^*=(\bar{\alpha}_1^*,\ \cdots,\ \bar{\alpha}_l^*)$；

（4）计算 $\bar{w}=\sum_{i=1}^{l}(\bar{\alpha}_i^*-\bar{\alpha}_i)x_i$，$\bar{b}=y_j-\sum_{i=1}^{l}(\bar{\alpha}_i^*-\bar{\alpha}_i)(x_i\cdot x_j)+\varepsilon$；

（5）构造决策函数 $y=f(x)=\sum_{i=1}^{l}(\bar{\alpha}_i^*-\bar{\alpha}_i)(x_i\cdot x)+\bar{b}$。

第二节 统计学习理论

一、经验风险最小化原则

期望风险的定义：设回归问题的训练集 $T=\{(x_1,\ y_1),\ \cdots,\ (x_l,\ y_l)\}\in(R^n\times Y)^l$，其中 $x_i\in R^n$，$y_i\in Y=\{-1,\ 1\}$，$i=1,\ \cdots,\ l$，产生于 $R^n\times Y$ 上的概率分布 $P(x,\ y)$，再设给定损失函数 $c(x,\ y,\ f(x))$ 和决策函数 $f(x)$：

$$f:\ X(X\subset R^n)\rightarrow Y=\{-1,\ 1\}$$

决策函数 $f(x)$ 的期望风险是指损失函数 $c(x,\ y,\ f(x))$ 关于概率分布 $P(x,\ y)$ 的黎曼—斯蒂尔切斯（Riemann Stieltjes）积分，具体如下：

$$R[f]=E[c(x,y,f(x))]=\int_{R^n\times y}c(x,y,f(x))dP(x,y) \quad (2-38)$$

经验风险的定义：设给定训练集 $T=\{(x_1,\ y_1),\ \cdots,\ (x_l,\ y_l)\}\in(R^n\times$

$Y)^l$，其中 $x_i \in R^n$，$y_i \in Y = \{-1, 1\}$，$i = 1, \cdots, l$，$y_i \in Y = \{-1, 1\}$，$i = 1, \cdots, l$，并且给定损失函数 $c(x, y, f(x))$。决策函数 $f(x)$ 的经验风险是：

$$Remp[f] = \frac{1}{l}\sum_{i=1}^{l} c(x_i, y_i, f(x_i)) \tag{2-39}$$

经验风险最小化原则：设给定训练集 $T = \{(x_1, y_1), \cdots, (x_l, y_l)\} \in (R^n \times Y)^l$，其中，$x_i \in R^n$，$y_i \in Y = \{-1, 1\}$，$i = 1, \cdots, l$，$y_i \in Y = R$，$i = 1, \cdots, l$，又设定一个损失函数 $c(x, y, f(x))$。

二、VC 维

经验风险最小化原则是在决策函数候选中选取使其经验风险最小的函数作为决策函数。在这里集合 F 是事先给定的。统计学习理论同时考虑集合 F 的选取问题，为此首先需要给出一个描述集合 F 的大小——VC 维。

指示函数集的 VC 维：假设集合 F 是一个由 X 上取值为 1 或 -1 的函数值组成的集合。定义 F 的 VC 维为：

$$VCdim(F) = \max\{m: N(F, m) = 2^m\} \tag{2-40}$$

当 $\{m: N(F, m) = 2^m\}$ 是一个无限集合时，定义 $VCdim(F) = \infty$。其中，$N(F, m)$ 为增长函数，它表示能用该指示函数集打散的点的个数。

实函数集 VC 维：设集合 $F = \{f(x, \alpha), \alpha \in \Lambda\}$ 是一个以常数 A 和 B 为界的实函数集合。定义：

$$I(z, \alpha, \beta) = \theta(f(z, \alpha) - \beta), \alpha \in \Lambda, \beta \in (A, B) \tag{2-41}$$

其中，

$$\theta(z) = \begin{cases} 0, & z < 0 \\ 1, & z \geq 0 \end{cases} \tag{2-42}$$

定义 F 的 VC 维为相应的指示函数集合 $L = \{I(z, \alpha, \beta) = \theta(f(z, \alpha) - \beta), \alpha \in \Lambda, \beta \in (A, B)\}$ 的 VC 维。

推广能力的界：记 h 为 F 的 VC 维，l 给定给独立同分布（概率分布 $P(x, y)$ 未知）的点：

$$(x_1, y_1), \cdots, (x_l, y_l)$$

经验风险以如下式计算：

$$Remp[f] = \frac{1}{l}\sum_{i=1}^{l} c(x_i, y_i, f(x_i))$$

则对任意的概率分布 $P(x, y)$ 和 $\delta \in (0, 1]$，F 中的任意假设 f 都可使得下列不等式至少以 $1-\delta$ 的概率成立：

$$R(f) \leqslant Remp(f) + \frac{h}{l}\varepsilon\left(1 + \sqrt{1 + \frac{4Remp[f]}{\varepsilon h/l}}\right) \tag{2-43}$$

其中，$\varepsilon = 1 - \ln\left(\frac{h}{2l}\right) - \frac{1}{h}\ln\left(\frac{\delta}{4}\right)$。

三、结构风险最小化原则

式（2-42）中右端的第二项为置信区间，而将右端的两项之和称为结构风险，它是期望风险 $R(f)$ 的一个上界。经验风险大小依赖于 f 的选择，而置信区间则是 F 的 VC 维 h 的增函数。VC 维越高，置信范围就越大，由此使得期望风险和经验风险的差值也可能越大。因此，学习机器要得到期望风险最小，不仅要求经验风险最小，还要考虑 VC 维尽量小，从而使置信范围尽量缩小，选择一个适当大小的集合 F，可得如下结构风险最小化原则。

结构风险最小化原则：设给定训练集 $T = \{(x_1, y_1), \cdots, (x_l, y_l)\} \in (R^n \times Y)^l$，其中，$x_i \in R^n$，$y_i \in Y = \{-1, 1\}$，$i = 1, \cdots, l$，又设定一个损失函数 $c(x, y, f(x))$，求解回归问题的结构分析最小化原则是：寻找一个假设 f，使得式（2-42）的右端所示的结构风险达到最小值。例如，适当选择一系列嵌套的假设集：

$$\cdots F_{n-1} \subset F_n \subset F_{n+1} \cdots \tag{2-44}$$

在每个 F_n 中找出使经验风险最小的假设 f_n，得到一系列假设：

$$\cdots f_{n-1} \subset f_n \subset f_{n+1} \cdots$$

考察与 f_n 相应的结构风险随 n 的增加而增大，因为 F_n 的 VC 维是递增的，而经验风险随着 n 的增加而减小。结构风险最小化原则是选择适当的 n^*，使置信区间与经验风险之和达到最小，由此得到相应的假设 f_n。

四、核函数

核函数是支持向量机的重要组成部分，也是支持向量机一个优于传统机器学习方法的特点。在支持向量机训练过程中，样本数目特别是支持向量的数目决定了其算法的复杂度。但是在线性不可分情况下，样本内积的计算也会大大增加算法的复杂度。基于此，支持向量机通过引入核函数将非线性可分的数据映射到高维特征空间中以转化为线性可分的数据。这样可避免高维空间中庞大的运算量，巧妙地解决了传统机器学习中的维数灾难问题。同时也为在高维特征空间中解决复杂的分类或回归问题奠定了理论基础。

核函数的定义：如果存在着从空间 R^n 到 Hilbert 空间的映射 φ：$x \to \varphi(x)$，使得：

$$K(x, x') = (\varphi(x) \cdot \varphi(x')) \tag{2-45}$$

其中，（·）表示 Hilbert 空间中的内积，则称在 $R^n \times R^n$ 上的函数 $K(x, x')$ 是 $R^n \times R^n$ 的核函数。

核函数的选择对于 SVM 是非常关键的，不同的内积核函数将会形成不同的学习算法。目前，比较常用的核函数有以下几种：

（1）线性核函数：

$$K(x, x') = x \cdot x'$$

（2）多项式核函数：

$$K(x, x') = ((x \cdot x') + p)^q，p，q \text{ 为参数}$$

（3）径向基（RBF）核函数：

$$K(x, x') = \exp\left(\frac{-\|x - x'\|^2}{\sigma^2}\right)，\sigma \text{ 为参数}$$

（4）S 形函数：

$$K(x, x') = \tanh(v(x \cdot x') + c)，c \text{ 为参数}$$

第三节　支持向量回归机的拓展：学习速度

一、最小二乘支持向量回归机

最小二乘支持向量回归机（Least Squares Support Vector Regression，LSSVR）的线性决策函数为：

$$f(x)=w^{T}x+b \tag{2-46}$$

其中，$w\in R^{n}$，$b\in R$。

为了提高传统 SVR 训练的速度，最小二乘支持向量回归机将传统 SVR 的不等式约束改为等式约束条件，可得如下的优化问题：

$$\min_{w,b,\xi}\frac{1}{2}\|w\|^{2}+\frac{C}{2}\xi^{T}\xi$$

$$\text{s. t. } Y-(Aw+be)=\xi \tag{2-47}$$

该优化问题的 Lagrange 函数为：

$$L(w,\ b,\ \xi,\ \alpha)=\frac{1}{2}\|w\|^{2}+\frac{C}{2}\xi^{T}\xi+\alpha^{T}[Y-(Aw+be)-\xi] \tag{2-48}$$

根据 KKT 条件得：

$$\begin{cases}\dfrac{\partial L}{\partial w}=0\rightarrow w=A^{T}\alpha\\ \dfrac{\partial L}{\partial b}=0\rightarrow e^{T}\alpha=0\\ \dfrac{\partial L}{\partial \xi}=0\rightarrow \alpha=C\xi\\ \dfrac{\partial L}{\partial \alpha}=0\rightarrow Y-\xi-(Aw+be)=0\end{cases} \tag{2-49}$$

上式方程消去 ξ 和 w 后得：

$$\begin{bmatrix}0 & e^{T}\\ e & \overline{X}\end{bmatrix}\begin{bmatrix}b\\ \alpha\end{bmatrix}=\begin{bmatrix}0\\ Y\end{bmatrix} \tag{2-50}$$

其中，$\overline{X}=\frac{I}{C}+AA^{T}$。由此可见，LSSVR 的求解问题转化为一个线性方程组的问题，与传统的 SVR 求解过程相比，LSSVR 的求解过程简单快速。

二、双子支持向量回归机

不同于 SVR 和 LSSVR，双子支持向量回归机（Twin Support Vector Regression，TSVR）旨在寻找两个非平行函数，且每个函数确定了未知目标函数的 ε - 不敏感上下边界（Peng，2010）①。假设输入空间中 TSVR 上下边界为：

---

① Peng Xinjun. TSVR：An efficient Twin Support Vector Machine for regression［J］. Neural Networks，2010，23（3）：365-372.

$$f_1(x)=w_1^Tx+b_1 \text{ 和 } f_2(x)=w_2^Tx+b_2 \qquad (2-51)$$

其中，w_1，$w_2\in R^n$，b_1，$b_2\in R$。引入松弛变量 ξ_1 和 ξ_2，原问题可描述为：

$$\begin{aligned}&\min_{w_1,b_1,\xi_1}\frac{1}{2}\|Y-e\varepsilon_1-(Aw_1+eb_1)\|^2+C_1e^T\xi_1\\&\text{s. t. } Y-(Aw_1+eb_1)+\xi_1\geqslant e\varepsilon_1\\&\xi_1\geqslant 0\end{aligned} \qquad (2-52)$$

$$\begin{aligned}&\min_{w_2,b_2,\xi_2}\frac{1}{2}\|Y+e\varepsilon_2-(Aw_2+eb_2)\|^2+C_2e^T\xi_2\\&\text{s. t. } (Aw_2+eb_2)-Y+\xi_2\geqslant e\varepsilon_2\\&\xi_2\geqslant 0\end{aligned} \qquad (2-53)$$

其中，C_1，$C_2>0$ 是权衡参数，$e\in R^n$ 为元素为 1 的向量；ε_1，ε_2 为正参数。该优化问题的解［w_1；b_1；ξ_1］和［w_2；b_2；ξ_2］可通过求解其相应的对偶问题得到。于是，TSVR 使用上下界的均值估计未知样本值，具体如下：

$$f(x)=\frac{1}{2}(f_1(x)+f_2(x))=\frac{1}{2}(x^T(w_1+w_2)+b_1+b_2) \qquad (2-54)$$

三、ε－双子支持向量回归机

受 TWSVM 算法和 TSVR 算法思想的启发，邵等（Shao et al.，2012）① 构建 ε－TSVR 模型。正如前面提到的，ε－TSVR 同样是寻找两个 ε－不敏感上下边界函数。现只考虑线性的情况：

$$f_1(x)=w_1^Tx+b_1 \text{ 和 } f_2(x)=w_2^Tx+b_2 \qquad (2-55)$$

ε－TSVR 不仅考虑经验风险最小化问题，而且考虑结构风险最小化原则引入正则化项$\frac{1}{2}(w_1^Tw_1+b_1^2)$ 和$\frac{1}{2}(w_2^Tw_2+b_2^2)$，进一步引入松弛变量 ξ_1，ξ_2，则 ε－TSVR 的原始优化问题为：

$$\begin{aligned}&\min_{w_1,b_1,\xi_1}\frac{1}{2}C_3(w_1^Tw_1+b_1^2)+\frac{1}{2}\|Y-(Aw_1+eb_1)\|^2+C_1e^T\xi_1\\&\text{s. t. } Y-(Aw_1+eb_1)\geqslant -\varepsilon_1e-\xi_1\end{aligned}$$

---

① Yuan－Hai Shao, Chun－Hua Zhang, Zhi－Min Yang, Ling Jing, Nai－Yang Deng. An ε－twin support vector machine for regression［J］. Neural Computing & Application, 2013, 23 (1): 175－185.

$$\xi_1 \geqslant 0 \tag{2-56}$$

$$\min_{w_2, b_2, \xi_2} \frac{1}{2} C_4 (w_2^T w_2 + b_2^2) + \frac{1}{2} \| (A w_2 + e b_2) - Y \|^2 + C_2 e^T \xi_2$$
$$\text{s. t. } (A w_2 + e b_2) - Y \geqslant -\varepsilon_2 e - \xi_2$$
$$\xi_2 \geqslant 0 \tag{2-57}$$

其中，C_3，$C_4 > 0$。该优化问题的解［w_1；b_1；ξ_1］和［w_2；b_2；ξ_2］通过 SOR（Successive Overrelaxation，SOR）法求解得到。于是，ε－TSVR 使用上下界的均值估计未知样本值，具体如下：

$$f(x) = \frac{1}{2}(f_1(x) + f_2(x)) \tag{2-58}$$

第四节　支持向量回归机的拓展：稳健学习

在回归过程中，异常点的存在往往会干扰最终的决策函数。如何构建鲁棒模型是支持向量回归机拓展研究的重要分支，本节主要讨论鲁棒支持向量回归机。

一、广义非凸二次 ε 不敏感损失

叶等（Ye et al.，2020）① 构造了广义非凸二次 ε 不敏感损失函数如下：

$$L_{\varepsilon,t}(z_i) = \begin{cases} (t-\varepsilon)^2 + s|z_i| - st, & \text{if } |z_i| > t \\ (|z_i| - \varepsilon)^2, & \text{if } \varepsilon \leqslant |z_i| \leqslant t \\ 0, & \text{if } |z_i| < \varepsilon \end{cases} \tag{2-59}$$

其中，z_i 为第 i 个样本点的训练误差，ε 为不敏感参数，t 为弹性区间参数，$s(\leqslant s \leqslant 1)$ 为鲁棒性参数。

广义非凸二次 ε 不敏感损失函数被分成三部分：当训练样本误差的绝对值小于 ε 时，采用 ε 不敏感损失；当训练样本误差的绝对值大于 ε 且小于 t 时，

---

① Ye Y，Gao J，Shao Y，et al. Robust support vector regression with generic quadratic nonconvex ε－insensitive loss［J］. Applied Mathematical Modelling，2020，82：235－251.

采用最小二乘损失；当训练样本误差的绝对值大于 t 时，采用绝对误差和鲁棒参数 s 控制训练误差对决策函数的影响。

广义非凸二次 ε 不敏感损失函数 $L_{\varepsilon,t}(z_i)$ 具有以下数学性质：

性质 1：$L_{\varepsilon,t}(z_i)$ 具有对称性和非负性；

性质 2：当 $t=\varepsilon$ 和 $s=1$ 时，$L_{\varepsilon,t}(z_i)$ 退化为 ε 不敏感损失，如图 2－1（a）；当 $s=0$ 和 $\varepsilon\to 0$ 时，$L_{\varepsilon,t}(z_i)$ 退化为非凸最小二乘损失如图 2－1（b）；当 $s=0$ 时，$L_{\varepsilon,t}(z_i)$ 退化 Ramp 最小二乘损失如图 2－1（c）；当 $\varepsilon\to 0$ 和 $t=s$ 时，$L_{\varepsilon,t}(z_i)$ 退化为 Huber 损失如图 2－1（d）；

$$L_{convex}(z_i)=\begin{cases}(|z_i|-\varepsilon)^2+s|z_i|-st, & \text{if } |z_i|>t\\ (|z_i|-\varepsilon)^2, & \text{if } \varepsilon\leqslant|z_i|\leqslant t\\ 0, & \text{if } |z_i|<\varepsilon\end{cases} \tag{2-60}$$

$$L_s(z_i)=\begin{cases}s|z_i|, & \text{if } |z_i|>s\\ z_i^2, & \text{if } 0\leqslant|z_i|\leqslant s\end{cases} \tag{2-61}$$

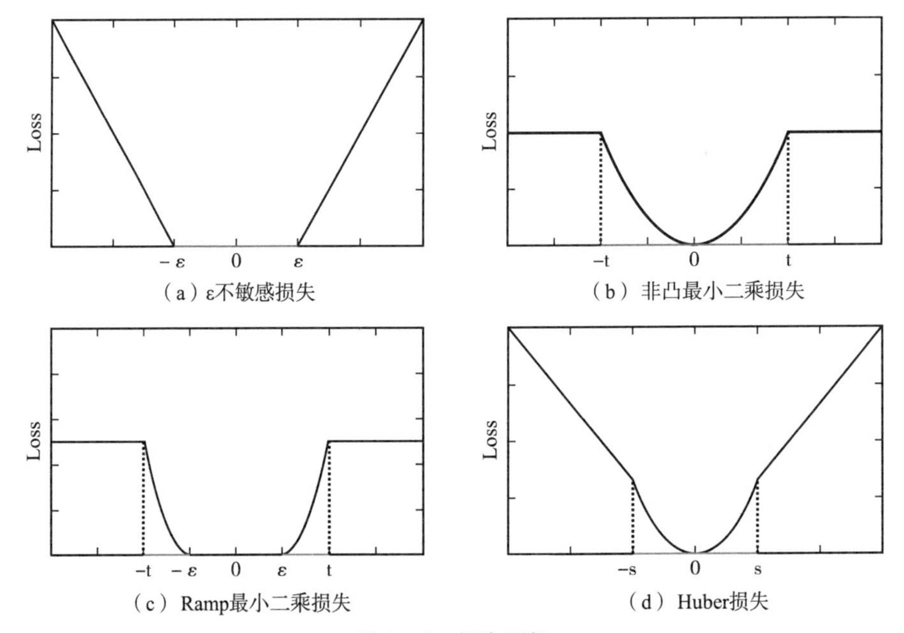

图 2－1　损失函数

性质3：广义非凸二次 ε 不敏感损失函数 $L_{\varepsilon,t}(z_i)$ 可以分解为以下凸函数和凹函数的和。

二、线性鲁棒支持向量回归机

线性鲁棒支持向量回归机的优化问题为：

$$\min_{w,b} \frac{1}{2}\|w\|^2 + \frac{C}{2}\sum_{i=1}^{l} L_{\varepsilon,t}(z_i)$$

$$\text{s.t.}\quad z_i = w^T x_i + b - y_i,\ i=1,\ 2,\ \cdots,\ l \tag{2-62}$$

显然，该模型是非凸问题，根据性质3，将模型分解为以下凸和凹两部分：

$$P_{convex}(w,\ b) = \frac{1}{2}\|w\|^2 + \frac{C}{2}\sum_{i=1}^{l} L_{convex}(z_i) \tag{2-63}$$

和

$$P_{concave}(w,\ b) = \frac{C}{2}\sum_{i=1}^{l} L_{concave}(z_i) \tag{2-64}$$

采用凹凸规划（Concave - Convex Programming，CCCP）算法求解该模型。将模型重写为：

$$\begin{pmatrix} w^{k+1} \\ b^{k+1} \end{pmatrix} = \arg\min_{w,b}\left\{P_{convex}(w,\ b) + (\nabla P_{concave}(w^k,\ b^k))^T \begin{pmatrix} w \\ b \end{pmatrix}\right\} \tag{2-65}$$

其中，$\nabla P_{concave}(w^k,\ b^k)$ 为 $P_{concave}(w^k,\ b^k)$ 的导函数。进一步得到以下的迭代形式：

$$\begin{pmatrix} w^{k+1} \\ b^{k+1} \end{pmatrix} = \arg\min_{w,b}\left\{P_{convex}(w,\ b) + \frac{C}{2}\sum_{i=1}^{l} \theta_i^k (w^T x_i + b)\right\} \tag{2-66}$$

其中：

$$\theta_i^k = \begin{cases} -2[(w^k)^T x_i + b^k - y_i] + 2\varepsilon, & \text{if } (w^k)^T x_i + b^k - y_i \geq t \\ 0, & \text{if } -t < (w^k)^T x_i + b^k - y_i < t \\ -2[(w^k)^T x_i + b^k - y_i] - 2\varepsilon, & \text{if } (w^k)^T x_i + b^k - y_i < -t \end{cases} \tag{2-67}$$

上式可重写为：

$$\min_{w,b} \frac{1}{2}\|w\|^2 + \frac{C}{2}\sum_{i=1}^{l} L_{convex}(z_i) + \frac{C}{2}\sum_{i=1}^{l} \theta_i^k (w^T x_i + b)$$

$$\text{s.t. } z_i = w^T x_i + b - y_i,\ i = 1, 2, \cdots, l \tag{2-68}$$

显然 $L_{convex}(z_i) = (\max(0, |z_i| - \varepsilon))^2 + \max(0, s|z_i| - st)$，引入松弛变量 η，ξ，ξ^*，上述模型变为：

$$\begin{aligned}
&\min_{w,b,\eta,\xi,\xi^*} \frac{1}{2}\|w\|^2 + \frac{C}{2}(\eta^T\eta + se^T\xi + se^T\xi^*) + \frac{C}{2}(\theta^k)^T(Aw + be) \\
&\text{s.t. } -\varepsilon e - \eta \leqslant Aw + be - Y \leqslant \varepsilon e + \eta, \\
&\quad Aw + be - Y \leqslant te + \xi,\ \xi \geqslant 0, \\
&\quad Y - (Aw + be) \leqslant te + \xi^*,\ \xi^* \geqslant 0
\end{aligned} \tag{2-69}$$

该模型的对偶问题为：

$$\begin{aligned}
&\min_{\alpha^*,\alpha,\beta^*,\beta} \frac{1}{2}(\alpha^{*T} \quad \alpha^T \quad \beta^{*T} \quad \beta^T) Q \begin{pmatrix} \alpha^* \\ \alpha \\ \beta^* \\ \beta \end{pmatrix} + P \begin{pmatrix} \alpha^* \\ \alpha \\ \beta^* \\ \beta \end{pmatrix} \\
&\text{s.t. } \left[\alpha^* - \alpha + \beta^* - \beta - \frac{C}{2}\theta^k\right]^T e = 0, \\
&0 \leqslant \alpha^*,\ 0 \leqslant \alpha,\ 0 \leqslant \beta^* \leqslant \frac{Cs}{2}e,\ 0 \leqslant \beta \leqslant \frac{Cs}{2}e,
\end{aligned} \tag{2-70}$$

其中：

$$Q = \begin{pmatrix} AA^T + \frac{1}{C}I & -AA^T + \frac{1}{C}I & AA^T & -AA^T \\ -AA^T + \frac{1}{C}I & AA^T + \frac{1}{C}I & -AA^T & AA^T \\ AA^T & -AA^T & AA^T & -AA^T \\ -AA^T & AA^T & -AA^T & AA^T \end{pmatrix} \tag{2-71}$$

$$P = \begin{pmatrix} -\frac{C}{2}(\theta^k)^T AA^T - Y^T + \varepsilon e^T \\ \frac{C}{2}(\theta^k)^T AA^T + Y^T + \varepsilon e^T \\ -\frac{C}{2}(\theta^k)^T AA^T - Y^T + te^T \\ \frac{C}{2}(\theta^k)^T AA^T + Y^T + te^T \end{pmatrix} \tag{2-72}$$

其中，I 为单位矩阵。

假设（$\bar{\alpha}^*$，$\bar{\alpha}$，$\bar{\beta}^*$，$\bar{\beta}$）是对偶问题的解，则原问题的解：

$$\bar{w} = \sum_{i=1}^{l}\left(\bar{\alpha}_i^* - \bar{\alpha}_i + \bar{\beta}_i^* - \bar{\beta}_i - \frac{C}{2}\theta_i^k\right)x_i \quad (2-73)$$

$\bar{b}$ 的解为以下几种情况：

（1）当 $\bar{\alpha}_j^* > 0$ 时，$\bar{b} = y_j - \bar{w}^T x_j - \varepsilon$；

（2）当 $\bar{\alpha}_j > 0$ 时，$\bar{b} = y_j - \bar{w}^T x_j + \varepsilon$；

（3）当 $0 < \bar{\beta}_j^* < \frac{Cs}{2}$ 时，$\bar{b} = y_j - \bar{w}^T x_j - t$；

（4）当 $0 < \bar{\beta}_j < \frac{Cs}{2}$ 时，$\bar{b} = y_j - \bar{w}^T x_j + t$。

三、非线性鲁棒支持向量回归机

引进从原空间到特征空间的非线性映射 $x \to \chi = \Phi(x)$，非线性鲁棒支持向量回归机的优化问题为：

$$\min_{w,b} \frac{1}{2}\|w\|^2 + \frac{C}{2}\sum_{i=1}^{l} L_{\varepsilon,t}(z_i)$$

$$\text{s.t.} \quad z_i = w^T\Phi(x_i) + b - y_i,\ i = 1, 2, \cdots, l \quad (2-74)$$

该模型通过以下迭代形式求解：

$$\begin{pmatrix} w^{k+1} \\ b^{k+1} \end{pmatrix} = \arg\min_{w,b}\left\{P_{convex}(w, b) + \frac{C}{2}\sum_{i=1}^{l}\theta_i^k(w^T\Phi(x_i) + b)\right\} \quad (2-75)$$

其中：

$$\theta_i^k = \begin{cases} -2[(w^k)^T\Phi(x_i) + b^k - y_i] + 2\varepsilon, & \text{if}(w^k)^T\Phi(x_i) + b^k - y_i \geqslant t \\ 0, & \text{if} -t < (w^k)^T\Phi(x_i) + b^k - y_i < t \\ -2[(w^k)^T\Phi(x_i) + b^k - y_i] - 2\varepsilon, & \text{if}(w^k)^T\Phi(x_i) + b^k - y_i < -t \end{cases}$$

$$(2-76)$$

引入松弛变量 η，ξ，ξ^*，模型可写为：

$$\min_{w,b,\eta,\xi,\xi^*} \frac{1}{2}\|w\|^2 + \frac{C}{2}\sum_{i=1}^{N}(\eta_i^2 + s\xi_i + s\xi_i^*) + \frac{C}{2}\sum_{i=1}^{l}\theta_i^k(w^T\Phi(x_i) + b)$$

$$\text{s.t.} \quad -\varepsilon - \eta_i \leqslant w^T\Phi(x_i) + b - y_i \leqslant \varepsilon + \eta_i,\ i = 1, 2\cdots, l$$

$$w^T\Phi(x_i) + b - y_i \leqslant t + \xi_i,\ \xi_i \geqslant 0,\ i = 1, 2\cdots, l$$

$$y_i-(w^T\Phi(x_i)+b)\leqslant t+\xi_i^*,\ \xi_i^*\geqslant 0,\ i=1,2\cdots,l \tag{2-77}$$

模型（2-77）的对偶问题为：

$$\min_{\alpha^*,\alpha,\beta^*,\beta}\frac{1}{2}(\alpha^{*T}\quad\alpha^T\quad\beta^{*T}\quad\beta^T)Q\begin{pmatrix}\alpha^*\\\alpha\\\beta^*\\\beta\end{pmatrix}+P\begin{pmatrix}\alpha^*\\\alpha\\\beta^*\\\beta\end{pmatrix}$$

$$\text{s.t.}\quad\left[\alpha^*-\alpha+\beta^*-\beta-\frac{C}{2}\theta^k\right]^T e=0,$$

$$0\leqslant\alpha^*,\ 0\leqslant\alpha,\ 0\leqslant\beta^*\leqslant\frac{Cs}{2}e,\ 0\leqslant\beta\leqslant\frac{Cs}{2}e, \tag{2-78}$$

其中：

$$Q=\begin{pmatrix}G+\frac{1}{C}I & -G+\frac{1}{C}I & G & -G\\ -G+\frac{1}{C}I & G+\frac{1}{C}I & -G & G\\ G & -G & G & -G\\ -G & G & -G & G\end{pmatrix} \tag{2-79}$$

$$P=\begin{pmatrix}-\frac{C}{2}(\theta^k)^TG-Y^T+\varepsilon e^T\\ \frac{C}{2}(\theta^k)^TG+Y^T+\varepsilon e^T\\ -\frac{C}{2}(\theta^k)^TG-Y^T+te^T\\ \frac{C}{2}(\theta^k)^TG+Y^T+te^T\end{pmatrix} \tag{2-80}$$

其中，$G=K(X,X^T)$，核函数为 $K(x,x^T)=\Phi(x)\Phi(x^T)$。

假设（$\bar{\alpha}^*$，$\bar{\alpha}$，$\bar{\beta}^*$，$\bar{\beta}$）是对偶问题的解，$\bar{b}$ 的解为以下几种情况：

（1）当 $\bar{\alpha}_j^*>0$ 时，$\bar{b}=y_j-\sum_{i=1}^{l}(\bar{\alpha}_i^*-\bar{\alpha}+\bar{\beta}_i^*-\bar{\beta}-\frac{C}{2}\theta_i^k)K(x_i,x_j)-\varepsilon$；

（2）当 $\bar{\alpha}_j>0$ 时，$\bar{b}=y_j-\sum_{i=1}^{l}(\bar{\alpha}_i^*-\bar{\alpha}+\bar{\beta}_i^*-\bar{\beta}-\frac{C}{2}\theta_i^k)K(x_i,x_j)+\varepsilon$；

（3）当 $0<\bar{\beta}_j^*<\frac{Cs}{2}$ 时，$\bar{b}=y_j-\sum_{i=1}^{l}(\bar{\alpha}_i^*-\bar{\alpha}+\bar{\beta}_i^*-\bar{\beta}-\frac{C}{2}\theta_i^k)K(x_i,x_j)-t$；

(4) 当$0<\bar{\beta}_j<\frac{Cs}{2}$时，$\bar{b}=y_j-\sum_{i=1}^{l}(\bar{\alpha}_i^*-\bar{\alpha}+\bar{\beta}_i^*-\bar{\beta}-\frac{C}{2}\theta_i^k)K(x_i, x_j)+t$。

四、模拟仿真验证模型的鲁棒性

以下将采用模拟仿真验证鲁棒支持向量回归机的有效性，模型参数的选择采用网格搜索法。核参数$\delta\in\{2^{-8}, 2^{-7}, \cdots, 2^7, 2^8\}$，$s\in\{0, 0.1, 0.2, \cdots, 0.9, 1.0\}$，$\varepsilon\in\{0.01, 0.015, \cdots, 0.095, 0.1\}$，$t\in\{0.01, 0.015, \cdots, 0.95, 1\}$。模型的鲁棒性将与以下算法做对比：支持向量回归机（SVR），L_1－模支持向量回归机（L_1SVR），最小二乘支持向量回归机（LSSVR），鲁棒最小二乘支持向量回归（RLSSVR），Huber损失的支持向量回归机（HSVR）。

模型有效性的评价指标有：

$$RMSE=\sqrt{\frac{1}{m}\sum_{i=1}^{m}(y_i^t-\hat{y}_i^t)^2}$$

$$NMSE=\frac{\sum_{i=1}^{m}(y_i^t-\hat{y}_i^t)^2}{\sum_{i=1}^{m}(y_i^t-\bar{y}^t)^2}$$

$$MAPE=\frac{\sum_{i=1}^{m}|y_i^t-\hat{y}_i^t|/y_i^t}{m}$$

$$E_{max}=\frac{\max\{|y_i^t-\hat{y}_i^t|;\ i=1, \cdots, m\}}{|y_{max}^t|}$$

其中，m是测试样本的个数，y_i^t表示第i个测试样本，$\hat{y}_i^t$为y_i^t的预测值。构建如下的函数：

$$\text{Type A: } y=(1-x+2x^2)e^{-0.5x^2}+\varsigma,\ x\in[-4, 4]$$
$$\text{Type B: } y=\frac{|x|}{4}+\left|\sin\left(\pi\left(1+\frac{x}{4}\right)\right)\right|+1+\varsigma,\ x\in[-10, 10] \tag{2-81}$$

其中，ς 分布服从 $N(0,\ 0.1^2)$，$N(0,\ 0.3^2)$，$N(0,\ 0.5^2)$ 分布。在训练样本点中添加 5% 和 10% 的异常点。

由图 2 - 2、图 2 - 3 和图 2 - 4 可知，NQSVR 的误差曲线围绕着 0 点上下波动，由此证明 NQSVR 的鲁棒性。LSSVR 和 RLSSVR 的误差曲线在异常点处波动很大，说明其对异常点敏感，缺乏鲁棒性。表 2 - 1 展示六种算法的平均排名情况。由此可见，NQSVR 的 NMSE、MAPE、RMSE 和 Emax 排名最前，表明 NQSVR 对异常点鲁棒性强。LSSVR 模型训练速度快，但对异常点缺乏鲁棒性。

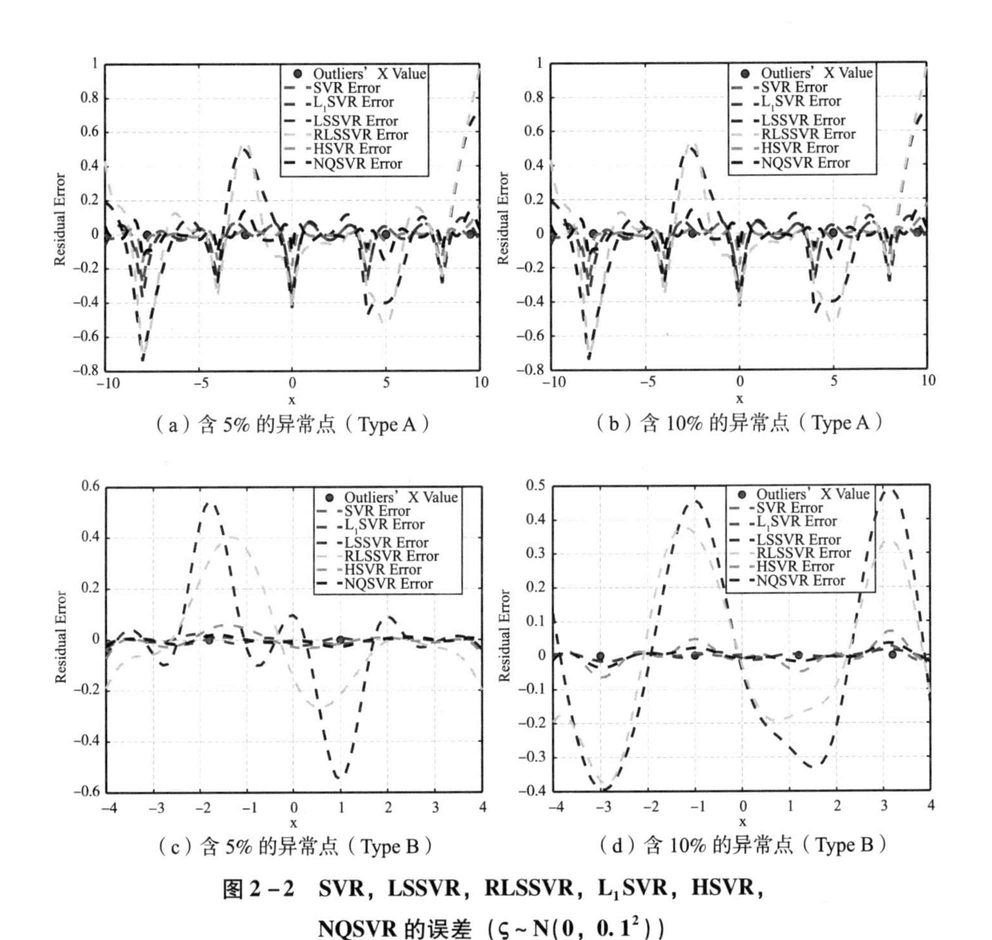

(a) 含 5% 的异常点 (Type A)　　(b) 含 10% 的异常点 (Type A)

(c) 含 5% 的异常点 (Type B)　　(d) 含 10% 的异常点 (Type B)

图 2 - 2　SVR，LSSVR，RLSSVR，L_1SVR，HSVR，NQSVR 的误差 ($\varsigma \sim N(0,\ 0.1^2)$)

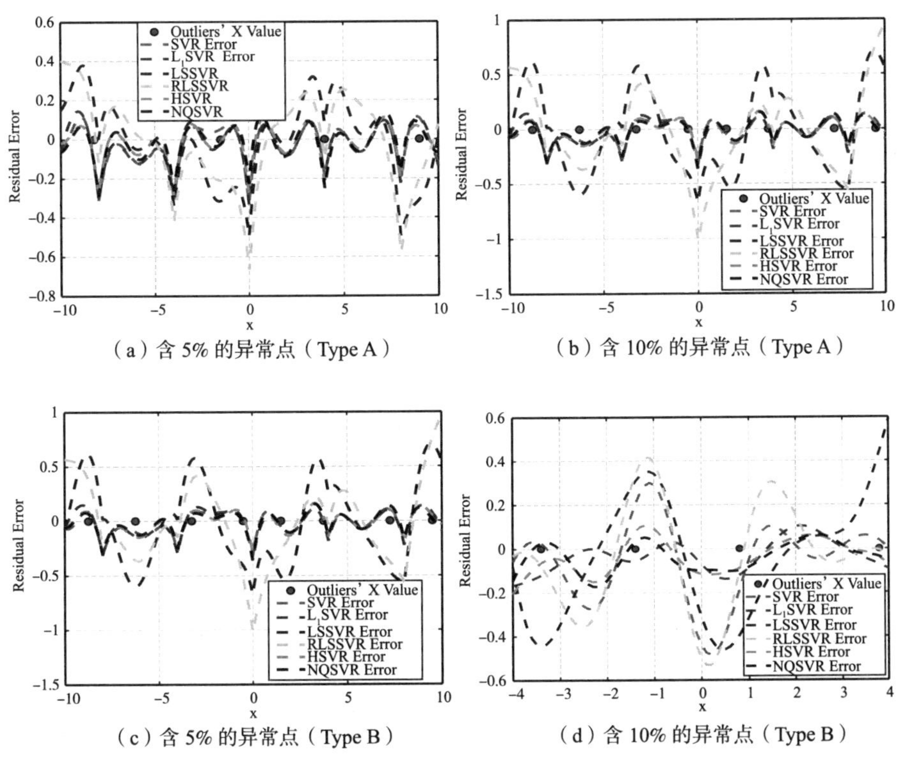

（a）含 5% 的异常点（Type A）　（b）含 10% 的异常点（Type A）

（c）含 5% 的异常点（Type B）　（d）含 10% 的异常点（Type B）

图 2－3　SVR，LSSVR，RLSSVR，L_1SVR，HSVR，NQSVR 的误差（$\varsigma \sim N(0,\ 0.3^2)$）

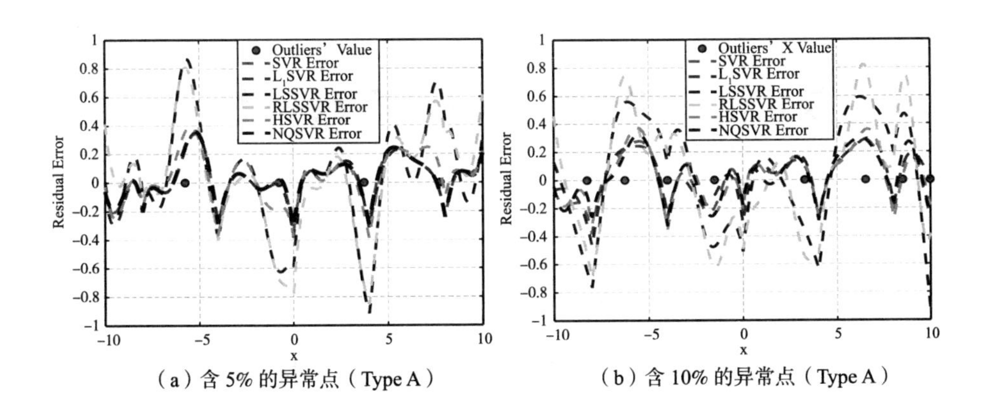

（a）含 5% 的异常点（Type A）　（b）含 10% 的异常点（Type A）

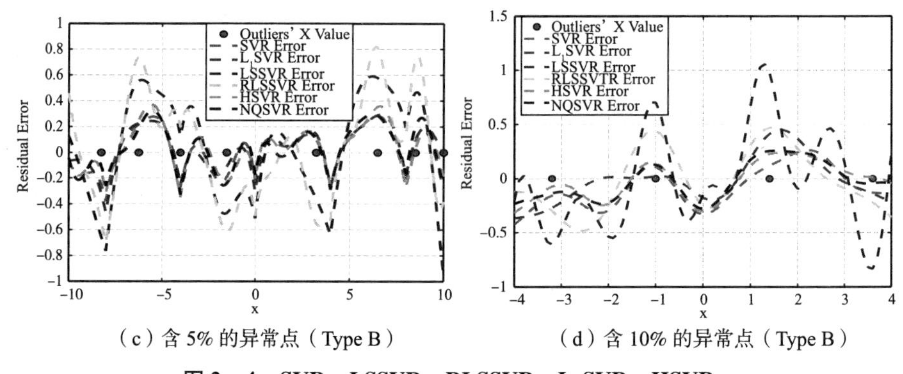

（c）含 5% 的异常点（Type B）　　　（d）含 10% 的异常点（Type B）

图 2－4　SVR，LSSVR，RLSSVR，L_1SVR，HSVR，NQSVR 的误差（$\varsigma \sim N(0,\ 0.5^2)$）

表 2－1　SVR，LSSVR，RLSSVR，L_1SVR，HSVR，NQSVR 的回归结果平均排序情况

模型	NMSE	MAPE	RMSE	CPU 时间	Emax
NQSVR	1.7500	2.0000	1.7500	3.2500	1.8333
SVR	2.4167	3.1667	2.5000	4.8333	2.8333
LSSVR	5.3333	5.4167	5.4167	1.2500	3.0000
RLSSVR	4.6667	4.2500	4.7500	2.1667	5.5833
L_1SVR	3.8333	3.5000	3.8333	5.1667	5.0000
HSVR	2.5833	2.6667	2.7500	3.0833	2.7500

第五节　支持向量回归机的拓展：在线学习

一、在线支持向量回归机

由于传统 SVR 决策函数的回归系数是固定不变，未能反映有些实现问题的实时变化效应，而在线支持向量回归机（Online Support Vector Regression,

OLSVR)（Ma et al.，2003）① 的提出克服了传统 SVR 的不足。

类似传统的 SVR，精准在线支持向量回归机（Accurate Online Support Vector，AOSVR）的回归决策函数为：

$$f(x) = w^T x + b \tag{2-82}$$

其中，$w \in R^n$，$b \in R$。为了衡量经验风险，引入 ε－不敏感损失函数：

$$L^{\varepsilon}(x, y, f) = |y - f(x)|_{\varepsilon} = \begin{cases} 0, & \text{if } |y - f(x)| \leqslant \varepsilon \\ |y - f(x)| - \varepsilon, & \text{others} \end{cases} \tag{2-83}$$

进而引入正则项$\frac{1}{2}\|w\|^2$ 以及松弛变量 ξ 和 η，则 AOSVR 的原始问题为：

$$\begin{aligned} \min_{w,b,\xi,\eta} \ & \frac{1}{2}\|w\|^2 + C(e^T\xi + e^T\eta) \\ \text{s.t.}\ & Y - (Aw + be) \leqslant \varepsilon e + \xi,\ \xi \geqslant 0, \\ & (Aw + be) - Y \leqslant \varepsilon e + \eta,\ \eta \geqslant 0, \end{aligned} \tag{2-84}$$

该优化问题可通过增量和减量算法求得。

由于传统 SVR 的策函数回归系数的固定不变性，未能反映实现有些问题的实时变化效应，而在线支持向量回归机克服传统 SVR 的不足。

类似经典的 SVR，AOSVR 的回归决策函数为：

$$f(x) = w^T x + b \tag{2-85}$$

其中，$w \in R^n$，$b \in R$。为了衡量经验风险，引入 ε－不敏感损失函数：

$$L^{\varepsilon}(x, y, f) = |y - f(x)|_{\varepsilon} = \begin{cases} 0, & \text{if } |y - f(x)| \leqslant \varepsilon \\ |y - f(x)| - \varepsilon, & \text{others} \end{cases} \tag{2-86}$$

进而引入正则项$\frac{1}{2}\|w\|^2$ 以及松弛变量 ξ 和 η，则 AOSVR 的原始问题为：

$$\begin{aligned} \min_{w,b,\xi,\eta} \ & \frac{1}{2}\|w\|^2 + C(e^T\xi + e^T\eta) \\ \text{s.t.}\ & Y - (Aw + be) \leqslant \varepsilon e + \xi,\ \xi \geqslant 0 \\ & (Aw + be) - Y \leqslant \varepsilon e + \eta,\ \eta \geqslant 0 \end{aligned} \tag{2-87}$$

其中，$C > 0$ 表示经验风险和正则项的权衡参数。

---

① Ma J, Theiler J, Perkins S. Accurate on-line support vector regression [J]. Neural computation, 2003, 15 (11): 2683-2703.

式（2－87）的对偶式为：

$$\min_{\alpha,\alpha^*}\frac{1}{2}\sum_{i,j=1}^{l}Q_{ij}(\alpha_i-\alpha_i^*)(\alpha_j-\alpha_j^*)+\varepsilon\sum_{i=1}^{l}(\alpha_i+\alpha_i^*)-\sum_{i=1}^{l}y_i(\alpha_i-\alpha_i^*)$$

$$\text{s.t.}\ \sum_{i=1}^{l}(\alpha_i-\alpha_i^*)=0$$

$$0\leqslant\alpha_i,\ \alpha_i^*\leqslant C,\ i=1,\cdots,l \tag{2-88}$$

其中，$Q_{ij}=(x_i\cdot x_j)$，α_i 和 α_i^* 是 Lagrange 乘子。

引入 Lagrange 函数，式（2－88）可变为：

$$\begin{aligned}L_D=&\frac{1}{2}\sum_{i=1}^{l}(\alpha_i-\alpha_i^*)(\alpha_j-\alpha_j^*)+\varepsilon\sum_{i=1}^{l}(\alpha_i+\alpha_i^*)-\sum_{i=1}^{l}y_i(\alpha_i-\alpha_i^*)\\&-\sum_{i=1}^{l}(\delta_i\alpha_i+\delta_i^*\alpha_i^*)+\sum_{i=1}^{l}[u_i(\alpha_i-C)+u_i^*(\alpha_i^*-C)]\\&+\zeta\sum_{i=1}^{l}(\alpha_i-\alpha_i^*)\end{aligned} \tag{2-89}$$

其中，δ_i^*，u_i^* 和 ζ 是 Lagrange 乘子。式（2－89）的 KKT 条件为：

$$\frac{\partial L_D}{\partial\alpha_i}=\sum_{j=1}^{l}Q_{ij}(\alpha_j-\alpha_j^*)+\varepsilon-y_i+\zeta-\delta_i+u_i=0 \tag{2-90}$$

$$\frac{\partial L_D}{\partial\alpha_i^*}=-\sum_{j=1}^{l}Q_{ij}(\alpha_j-\alpha_j^*)+\varepsilon+y_i-\zeta-\delta_i^*+u_i^*=0 \tag{2-91}$$

$$\delta_i^{(*)}\geqslant 0,\ \delta_i^{(*)}\alpha_i^{(*)}=0 \tag{2-92}$$

$$u_i^{(*)}\geqslant 0,\ u_i^{(*)}(\alpha_i^{(*)}-C)=0 \tag{2-93}$$

由式（2－90）～式（2－93）可知，α_i 和 α_i^* 非负且至多一个不为0，令：

$$\theta_i=\alpha_i-\alpha_i^* \tag{2-94}$$

并定义样本 x_i 的边际函数 $h(x_i)$：

$$h(x_i)\equiv f(x_i)-y_i=\sum_{j=1}^{l}Q_{ij}\theta_j-y_i+b \tag{2-95}$$

由式（2－90）～式（2－95）可得：

$$\begin{aligned}&h(x_i)\geqslant\varepsilon,\ \theta_i=-C\\&h(x_i)=\varepsilon,\ -C<\theta_i<0\\&-\varepsilon\leqslant h(x_i)\leqslant\varepsilon,\ \theta_i=0\\&h(x_i)=-\varepsilon,\ 0<\theta_i<C\\&h(x_i)\leqslant-\varepsilon,\ \theta_i=C\end{aligned} \tag{2-96}$$

进一步将训练样本分为以下三种类型：

$$E\text{ 集合：}E=\{i|\quad |\theta_i|=C\} \tag{2-97}$$

$$S\text{ 集合：}S=\{i|\quad 0<|\theta_i|<C\} \tag{2-98}$$

$$R\text{ 集合：}R=\{i|\quad \theta_i=0\} \tag{2-99}$$

由上面的式子可得增量 $\Delta h(x_i)$，$\Delta\theta_i$ 和 Δb 的关系如下：

$$\Delta h(x_i)=Q_{ic}\Delta\theta_c+\sum_{i=1}^{l}Q_{ij}\Delta\theta_j+\Delta b \tag{2-100}$$

等式约束为：

$$\theta_c+\sum_{i=1}^{l}\theta_i=0 \tag{2-101}$$

由式（2－90）~式（2－96）得：

$$\sum_{j\in S}Q_{ij}\Delta\theta_j+\Delta b=-Q_{ic}\Delta\theta_c,\ i\in S \tag{2-102}$$

$$\sum_{j\in S}\Delta\theta_j=-\Delta\theta_c \tag{2-103}$$

设集合 S 为：

$$S=\{s_1,\ s_2,\ \cdots,\ s_{l_s}\} \tag{2-104}$$

根据式（2－102）~式（2－103）可写为：

$$\begin{bmatrix}0 & 1 & \cdots & 1\\ 1 & Q_{s_1s_1} & \cdots & Q_{s_1s_{l_s}}\\ \vdots & \vdots & \ddots & \vdots\\ 1 & Q_{s_{l_s}s_1} & \cdots & Q_{s_{l_s}s_{l_s}}\end{bmatrix}\begin{bmatrix}\Delta b\\ \Delta\theta_{s_1}\\ \vdots\\ \Delta\theta_{s_{l_s}}\end{bmatrix}=-\begin{bmatrix}1\\ Q_{s_1c}\\ \vdots\\ Q_{s_{l_s}c}\end{bmatrix}\Delta\theta_c \tag{2-105}$$

令 $R=\begin{bmatrix}0 & 1 & \cdots & 1\\ 1 & Q_{s_1s_1} & \cdots & Q_{s_1s_{l_s}}\\ \vdots & \vdots & \ddots & \vdots\\ 1 & Q_{s_{l_s}s_1} & \cdots & Q_{s_{l_s}s_{l_s}}\end{bmatrix}^{-1}$，$\beta=\begin{bmatrix}\beta\\ \beta_{s_1}\\ \vdots\\ \beta_{s_{l_s}}\end{bmatrix}=-R\begin{bmatrix}1\\ Q_{s_1c}\\ \vdots\\ Q_{s_{l_s}c}\end{bmatrix}$，则式（2－105）可写为：

$$\begin{bmatrix}\Delta b\\ \Delta\theta_{s_1}\\ \vdots\\ \Delta\theta_{s_{l_s}}\end{bmatrix}=\beta\Delta\theta_c \tag{2-106}$$

设集合 $N = E \cup R = \{n_1, n_2, \cdots, n_{l_n}\}$，则根据式（2－100）~式（2－106）可得：

$$\begin{bmatrix} \Delta h(x_{n_1}) \\ \Delta h(x_{n_2}) \\ \vdots \\ \Delta h(x_{n_{l_n}}) \end{bmatrix} = \gamma \Delta\theta_c \tag{2-107}$$

其中，$\gamma = \begin{bmatrix} Q_{n_1 c} \\ Q_{n_2 c} \\ \vdots \\ Q_{n_{l_n} c} \end{bmatrix} + \begin{bmatrix} 1 & Q_{n_1 s_1} & \cdots & Q_{n_1 s_{l_s}} \\ 1 & Q_{n_2 s_1} & \cdots & Q_{n_2 s_{l_s}} \\ \vdots & \vdots & \ddots & \vdots \\ 1 & Q_{n_{l_n} s_1} & \cdots & Q_{n_{l_n} s_{l_s}} \end{bmatrix} \beta$。

式（2－106）和式（2－107）成立的条件是：集合 S 中样本关系不变。因此，需寻找合适的 $\Delta\theta_c$ 使得集合 S 保持不变。

首先确定 $\Delta\theta_c$ 的正负性，由式（2－97）~式（2－99）得：

$$\text{sign}(\Delta\theta_c) = \text{sign}(y_c - f(x_c)) = \text{sign}(-h(x_c)) \tag{2-108}$$

然后确定 $\Delta\theta_c$ 对每个训练样本点边界的作用。以下以 $\Delta\theta_c > 0$ 为例展开讨论，$\Delta\theta_c < 0$ 的情况类似。

针对新样本 x_c，有两种情况：

情况 1：$h(x_c)$ 从 $h(x_c) < -\varepsilon$ 变为 $h(x_c) = -\varepsilon$，则 x_c 添加到集合 S，并且算法终止；

情况 2：如果 θ_c 从 $\theta_c < C$ 增加到 $\theta_c = C$，则新的样本 x_c 添加到集合 E，且算法终止。

针对集合 S 中的每个样本 x_i：如果 θ_i 从 $0 < |\theta_i| < C$ 变为 $|\theta_i| = C$，则样本 x_i 从集合 S 变到集合 E；如果 θ_i 从 $0 < |\theta_i| < C$ 变到 $\theta_i = 0$，则样本 x_i 从集合 S 变到集合 R；

针对集合 E 中的每个样本 x_i：如果 $h(x_i)$ 从 $|h(x_i)| > \varepsilon$ 变为 $|h(x_i)| = \varepsilon$，则样本 x_i 从集合 E 变到集合 S；

针对集合 R 中的每个样本 x_i：如果 $h(x_i)$ 从 $|h(x_i)| < \varepsilon$ 变为 $|h(x_i)| = \varepsilon$，则样本 x_i 从集合 R 变到集合 S。

上述的情况根据式（2－106）~（2－107）确定训练集 T 中每个样本的 $\Delta\theta_c$，最终 $\Delta\theta_c$ 取所有可能值中绝对值变化最小的。

二、在线支持向量分位数回归机

针对动态时间序列具有后尾噪声现象，叶等（Ye et al.，2021）[①] 将分位数回归的思想引入在线支持向量回归机中，提出在线支持向量分位数回归机（Online Support Vector Quantile Regression，OL－SVQR）。OL－SVQR 的回归决策函数为：

$$f(x) = w^T x + b \tag{2-109}$$

其中，$w \in R^n$，$b \in R$。OL－SVQR 的原始问题：

$$\min_{w,b} \frac{1}{2}\|w\|^2 + C\sum_{i=1}^{l} L_{\tau,\varepsilon}(z_i)$$

$$\text{s.t.} \quad z_i = w^T x_i + b - y_i, \ i = 1, 2, \cdots, l$$

其中：

$$L_{convex}(z_i) = \begin{cases} z_i - \varepsilon, & \text{if } z_i > \varepsilon \\ 0, & \text{if } -\dfrac{\varepsilon}{\tau} \leqslant z_i \leqslant \varepsilon \\ -\tau z_i - \varepsilon, & \text{if } z_i < -\dfrac{\varepsilon}{\tau} \end{cases}$$

$\tau(0 < \tau \leqslant 1)$ 为分位数参数。引入松弛变量 ξ 和 ξ^*，OL－SVQR 的原问题变为：

$$\min_{w,b,\xi,\xi^*} \frac{1}{2}\|w\|^2 + C(\tau e^T\xi + e^T\xi^*)$$

$$\text{s.t.} \ y_i - (w^T\Phi(x_i) + b) \leqslant \frac{\varepsilon}{\tau} + \xi_i, \ \xi_i \geqslant 0$$

$$(w^T\Phi(x_i) + b) - y_i \leqslant \varepsilon + \xi_i^*, \ \xi_i^* \geqslant 0$$

$$i = 1, 2\cdots, l \tag{2-110}$$

其中，C >0 表示经验风险和正则项的权衡参数。

推导原问题的对偶问题，其拉格朗日函数为：

$$L = \frac{1}{2}\|w\|^2 + C\tau\sum_{i=1}^{l}\xi_i + C\sum_{i=1}^{l}\xi_i^* - \sum_{i=1}^{l}(\eta_i\xi_i + \eta_i^*\xi_i^*) - \sum_{i=1}^{l}\alpha_i(w^T\Phi(x_i)$$

---

① Ye, Y., Shao, Y., Li, C., Hua, X., & Guo, Y.. Online support vector quantile regression for the dynamic time series with heavy－tailed noise [J]. Applied Soft Computing, 2021, 110, 107560.

$$+b-y_i+\frac{\varepsilon}{\tau}+\xi_i)-\sum_{i=1}^{l}\alpha_i^*(-w^T\Phi(x_i)-b+y_i+\varepsilon+\xi_i^*)$$

其中，α_i，α_i^*，η_i，η_i^* 是 Lagrange 乘子。其 KKT 条件为：

$$w-\sum_{i=1}^{l}(\alpha_i-\alpha_i^*)\Phi(x_i)=0$$

$$\sum_{i=1}^{l}(\alpha_i-\alpha_i^*)=0$$

$$C\tau-\eta_i-\alpha_i=0$$

$$C-\eta_i^*-\alpha_i^*=0$$

$$\alpha_i(w^T\Phi(x_i)+b-y_i+\frac{\varepsilon}{\tau}+\xi_i)=0$$

$$\alpha_i^*(w^T\Phi(x_i)+b-y_i-\varepsilon-\xi_i^*)=0$$

$$\eta_i\xi_i=0,\ \eta_i^*\xi_i^*=0$$

$$y_i-(w^T\Phi(x_i)+b)\leqslant\frac{\varepsilon}{\tau}+\xi_i,\ \xi_i\geqslant 0$$

$$(w^T\Phi(x_i)+b)-y_i\leqslant\varepsilon+\xi_i^*,\ \xi_i^*\geqslant 0$$

$$i=1,\ 2\cdots,\ l$$

通过上述 KKT 条件，原问题的对偶问题为：

$$\min_{\alpha,\alpha^*}\frac{1}{2}\sum_{i,j=1}^{l}K_{ij}(\alpha_i-\alpha_i^*)(\alpha_j-\alpha_j^*)+\varepsilon\sum_{i=1}^{l}\alpha_i^*+\frac{\varepsilon}{\tau}\sum_{i=1}^{l}\alpha_i-\sum_{i=1}^{l}y_i(\alpha_i-\alpha_i^*)$$

$$\text{s. t.}\ \sum_{i=1}^{l}(\alpha_i-\alpha_i^*)=0$$

$$0\leqslant\alpha_i\leqslant C\tau,\ 0\leqslant\alpha_i^*\leqslant C,\ i=1,\ \cdots,\ l \tag{2-111}$$

其中，$K_{ij}=\Phi(x_i)^T\Phi(x_j)$。

引入 Lagrange 函数，该对偶问题可变为：

$$\begin{aligned}L_D=&\frac{1}{2}\sum_{i=1}^{l}(\alpha_i-\alpha_i^*)(\alpha_j-\alpha_j^*)K_{ij}+\varepsilon\sum_{i=1}^{l}\alpha_i^*+\frac{\varepsilon}{\tau}\sum_{i=1}^{l}\alpha_i-\sum_{i=1}^{l}y_i(\alpha_i-\alpha_i^*)\\&-\sum_{i=1}^{l}(\delta_i\alpha_i+\delta_i^*\alpha_i^*)+\sum_{i=1}^{l}u_i(\alpha_i-\frac{C}{\tau})+\sum_{i=1}^{l}u_i^*(\alpha_i^*-C)\\&+\bar{b}\sum_{i=1}^{l}(\alpha_i-\alpha_i^*)\end{aligned} \tag{2-112}$$

其中，δ_i，δ_i^*，u_i，u_i^* 和 $\bar{b}$ 是 Lagrange 乘子。该问题的 KKT 条件为：

$$\sum_{j=1}^{l}K_{ij}(\alpha_j-\alpha_j^*)+\frac{\varepsilon}{\tau}-y_i+\bar{b}-\delta_i=0 \tag{2-113}$$

$$-\sum_{j=1}^{l}K_{ij}(\alpha_j-\alpha_j^*)+\varepsilon+y_i-\bar{b}-\delta_i^*=0 \quad (2-114)$$

$$\delta_i\geqslant 0,\ \delta_i^*\geqslant 0,\ \delta_i\alpha_i=0,\ \delta_i^*\alpha_i^*=0,\ i=1,\ \cdots,\ l$$

由 KKT 条件可知，α_i 和 α_i^* 非负且至多一个不为0。用对偶问题的解表示最终决策函数：

$$f(x)=\sum_{i=1}^{l}(\alpha_i-\alpha_j^*)K(x_i,\ x)+b$$

令

$$h(x_i)\equiv f(x_i)-y_i,\ \theta_i=\alpha_i-\alpha_i^* \quad (2-115)$$

并定义样本 x_i 的边际函数 $h(x_i)$：

$$h(x_i)\equiv f(x_i)-y_i=\sum_{j=1}^{l}Q_{ij}\theta_j-y_i+b \quad (2-116)$$

进一步推得：

$$h(x_i)\geqslant\varepsilon,\ \theta_i=-C$$
$$h(x_i)=\varepsilon,\ -C<\theta_i<0$$
$$-\frac{\tau}{\varepsilon}\leqslant h(x_i)\leqslant\varepsilon,\ \theta_i=0$$
$$h(x_i)=-\frac{\tau}{\varepsilon},\ 0<\theta_i<C\tau$$
$$h(x_i)\leqslant-\frac{\tau}{\varepsilon},\ \theta_i=C\tau \quad (2-117)$$

由此将训练样本分为以下三种类型：

$$E\text{ 集合}：E=\{i|\theta_i=-C\}\cup\{i|\theta_i=C\tau\} \quad (2-118)$$

$$S\text{ 集合}：S=\{i|-C<\theta_i<0\}\cup\{i|0<\theta_i<C\tau\} \quad (2-119)$$

$$R\text{ 集合}：R=\{i|\theta_i=0\} \quad (2-120)$$

设新样本的训练误差为：

$$\begin{aligned}h^{new}(x_i)&\equiv f^{new}(x_i)-y_i\\&=K_{ic}(\theta_c^{old}+\Delta\theta_c)+\sum_{j=1}^{l}(\theta_j^{old}+\Delta\theta_j)K_{ij}+(b^{old}+\Delta b)-y_i\end{aligned}$$

进而得增量 $\Delta h(x_i)$，$\Delta\theta_i$ 和 Δb 的关系如下：

$$\Delta h(x_i)=h^{new}(x_i)-h^{old}(x_i)=K_{ic}\Delta\theta_c+\sum_{i=1}^{l}K_{ij}\Delta\theta_j+\Delta b \quad (2-121)$$

其中，$\Delta\theta_c=\theta_c^{new}-\theta_c^{old}$，$\Delta\theta_j=\theta_j^{new}-\theta_j^{old}$，$\Delta b=b^{new}-b^{old}$。由等式约束得：

$$\theta_c + \sum_{i=1}^{l} \theta_i = 0 \tag{2-122}$$

由式（2－118）～式（2－122）得：

$$\sum_{j \in S} K_{ij} \Delta\theta_j + \Delta b = -K_{ic} \Delta\theta_c,\ i \in S \tag{2-123}$$

$$\sum_{j \in S} \Delta\theta_j = -\Delta\theta_c \tag{2-124}$$

设集合 S 为：

$$S = \{s_1, s_2, \cdots, s_{l_s}\} \tag{2-125}$$

则根据式（2－123）～式（2－124）可写为：

$$\begin{bmatrix} 0 & 1 & \cdots & 1 \\ 1 & K_{s_1 s_1} & \cdots & K_{s_1 s_{l_s}} \\ \vdots & \vdots & \ddots & \vdots \\ 1 & K_{s_{l_s} s_1} & \cdots & K_{s_{l_s} s_{l_s}} \end{bmatrix} \begin{bmatrix} \Delta b \\ \Delta\theta_{s_1} \\ \vdots \\ \Delta\theta_{s_{l_s}} \end{bmatrix} = -\begin{bmatrix} 1 \\ K_{s_1 c} \\ \vdots \\ K_{s_{l_s} c} \end{bmatrix} \Delta\theta_c \tag{2-126}$$

令 $\beta = \begin{bmatrix} \beta \\ \beta_{s_1} \\ \vdots \\ \beta_{s_{l_s}} \end{bmatrix} = -\Theta \begin{bmatrix} 1 \\ K_{s_1 c} \\ \vdots \\ K_{s_{l_s} c} \end{bmatrix}$，$\Theta = \begin{bmatrix} 0 & 1 & \cdots & 1 \\ 1 & K_{s_1 s_1} & \cdots & K_{s_1 s_{l_s}} \\ \vdots & \vdots & \ddots & \vdots \\ 1 & K_{s_{l_s} s_1} & \cdots & K_{s_{l_s} s_{l_s}} \end{bmatrix}^{-1}$ 则式（2－126）可写为：

$$\begin{bmatrix} \Delta b \\ \Delta\theta_{s_1} \\ \vdots \\ \Delta\theta_{s_{l_s}} \end{bmatrix} = \beta \Delta\theta_c \tag{2-127}$$

设集合 $N = E \cup R = \{n_1, n_2, \cdots, n_{l_n}\}$，则根据式（2－123）～式（2－127）可得：

$$\begin{bmatrix} \Delta h(x_{n_1}) \\ \Delta h(x_{n_2}) \\ \vdots \\ \Delta h(x_{n_{l_n}}) \end{bmatrix} = \gamma \Delta\theta_c \tag{2-128}$$

其中，$\gamma=\begin{bmatrix}K_{n_1c}\\K_{n_2c}\\\vdots\\K_{n_{1_n}c}\end{bmatrix}+\begin{bmatrix}1 & K_{n_1s_1} & \cdots & K_{n_1s_{l_s}}\\1 & K_{n_2s_1} & \cdots & K_{n_2s_{l_s}}\\\vdots & \vdots & \ddots & \vdots\\1 & K_{n_{1_n}s_1} & \cdots & K_{n_{1_n}s_{l_s}}\end{bmatrix}\beta$。

式（2－127）和式（2－128）成立的条件是：集合S中样本关系不变。因此，需寻找合适的$\Delta\theta_c$使得集合S保持不变。

首先确定$\Delta\theta_c$的正负性，由式（2－118）~式（2－120）得：

$$\text{sign}(\Delta\theta_c)=\text{sign}(y_c-f(x_c))=\text{sign}(-h(x_c)) \tag{2-129}$$

然后确定$\Delta\theta_c$对每个训练样本点边界的作用。以下以$\Delta\theta_c>0$为例展开讨论，$\Delta\theta_c<0$的情况类似。

针对新样本x_c，有两种情况：

情况1：$h(x_c)$从$h(x_c)>\varepsilon$或者$h(x_c)<-\frac{\tau}{\varepsilon}$变为$h(x_c)=-\varepsilon$或者$h(x_c)=-\frac{\tau}{\varepsilon}$，则$x_c$添加到集合S，并且算法终止；

情况2：如果θ_c从$-C<\theta_c<0$或者$0<\theta_c<C\tau$增加到$\theta_c=-C$或者$\theta_c=C\tau$，则新的样本x_c添加到集合E，且算法终止；

针对集合S中的每个样本x_i：如果θ_i从$-C<\theta_i<0$或者$0<\theta_i<C\tau$变为$\theta_i=-C$或者$\theta_i=C\tau$，则样本x_i从集合S变到集合E；如果θ_i从$-C<\theta_i<0$或者$0<\theta_i<C\tau$变到$\theta_i=0$，则样本x_i从集合S变到集合R；

针对集合E中的每个样本x_i：如果$h(x_i)$从$h(x_c)>\varepsilon$或者$h(x_c)<-\frac{\tau}{\varepsilon}$变为$h(x_c)=\varepsilon$或者$h(x_c)=-\frac{\tau}{\varepsilon}$，则样本$x_i$从集合E变到集合S；

针对集合R中的每个样本x_i：如果$h(x_i)$从$-\frac{\tau}{\varepsilon}<h(x_i)<\varepsilon$变为$h(x_i)=\varepsilon$或者$h(x_i)=-\frac{\tau}{\varepsilon}$，则样本$x_i$从集合R变到集合S。

上述情况根据式（2－127）~式（2－128）确定训练集T中每个样本的$\Delta\theta_c$，最终$\Delta\theta_c$取所有可能值中绝对值变化最小的。上述的增量算法流程如图2－5所示。

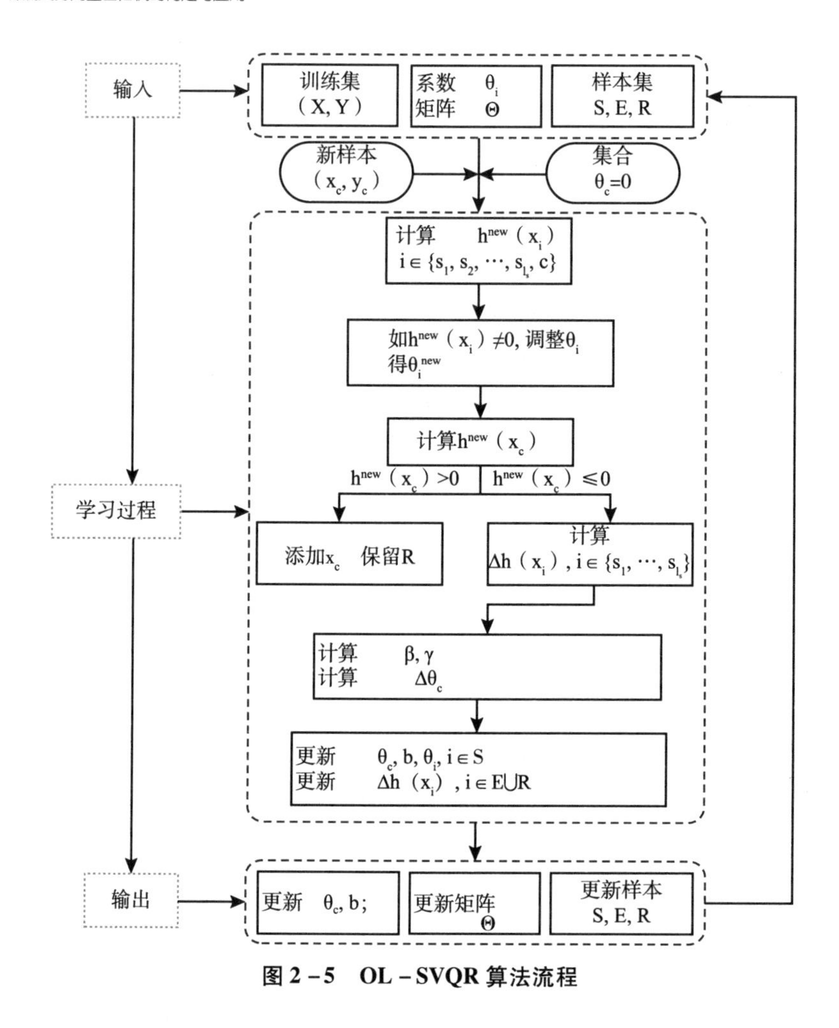

图 2－5　OL－SVQR 算法流程

三、模拟仿真验证模型的有效性

模型参数的选择采用网格搜索法，核参数 $\delta \in \{2^{-8}, 2^{-7}, \cdots, 2^{7}, 2^{8}\}$，$\tau \in \{0.1, 0.2, \cdots, 0.9, 1.0\}$，$\varepsilon \in \{0.01, 0.02, \cdots, 0.09, 0.1\}$。模型的鲁棒性将与以下算法做对比：支持向量分位数回归机（SVQR），ε－支持向量分位数回归机（ε－SVQR），非参数分位数回归（NPQR）。模型有效性的评价指标有：

$$RMSE = \sqrt{\frac{1}{m}\sum_{i=1}^{m}(y_i^t - \hat{y}_i^t)^2}$$

$$NMSE = \frac{\sum_{i=1}^{m}(y_i^t - \hat{y}_i^t)^2}{\sum_{i=1}^{m}(y_i^t - \bar{y}^t)^2}$$

$$\text{Sample Sparsity} = \frac{\#(\theta_i = 0)}{\#(\theta)}$$

其中，m 是测试样本的个数，y_i^t 表示第 i 个测试样本，$\hat{y}_i^t$ 为 y_i^t 的预测值，$\#(\theta)$ 表示 θ 元素的个数。构建如下的函数：

$$x \sim U(0,\ \pi)$$

$$\mu(x) = \sin\frac{3x}{2}\sin\frac{5x}{2}$$

$$V(x) = \frac{1}{100} + \frac{1 - \sin\left(\frac{5x}{2}\right)^2}{4}$$

$$y \sim N(\mu(x),\ V(x))$$

图 2-6 比较模型 OL-SVQR、SVQR、ε-SVQR 和 NPQR 在 τ 为 0.1，0.3，0.5，0.7 和 0.9 时的回归结果。图 2-7 展示各种模型随着 τ 增大，对应 NMSE、RMSE、CPU 时间和稀疏性的变化。当 τ 大于 0.6 时，OL-SVQR 得到的 NMSE 和 RMSE 比 SVQR 和 NPQR 小，表明 OL-SVQR 能控制后尾噪声带来的影响，提取数据中的有用信息。关于训练速度方面，OL-SVQR 比 SVQR 要快，是因为 OL-SVQR 的增量算法具有样本选择的功能，保存支持向量，舍弃非支持向量。此外，随着 τ 的增加，OL-SVQR 的稀疏性越来越大。

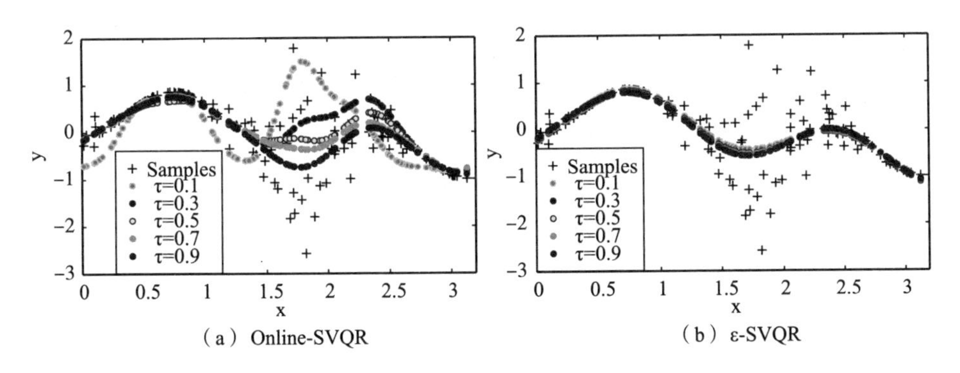

（a）Online-SVQR　　（b）ε-SVQR

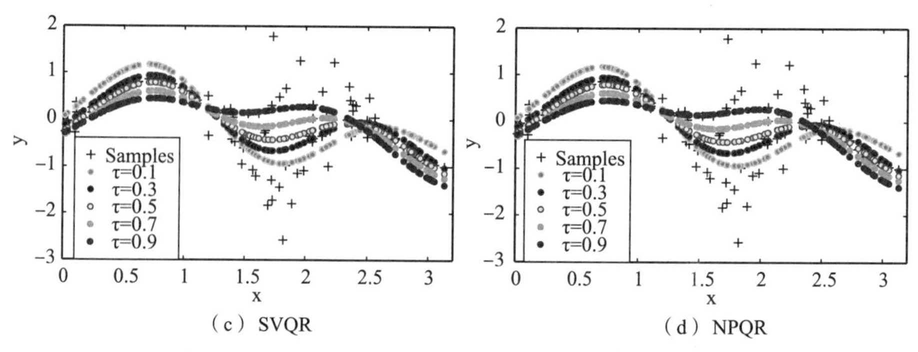

（c） SVQR　　（d） NPQR

图2－6　τ为0.1，0.3，0.5，0.7，0.9的预测结果比较

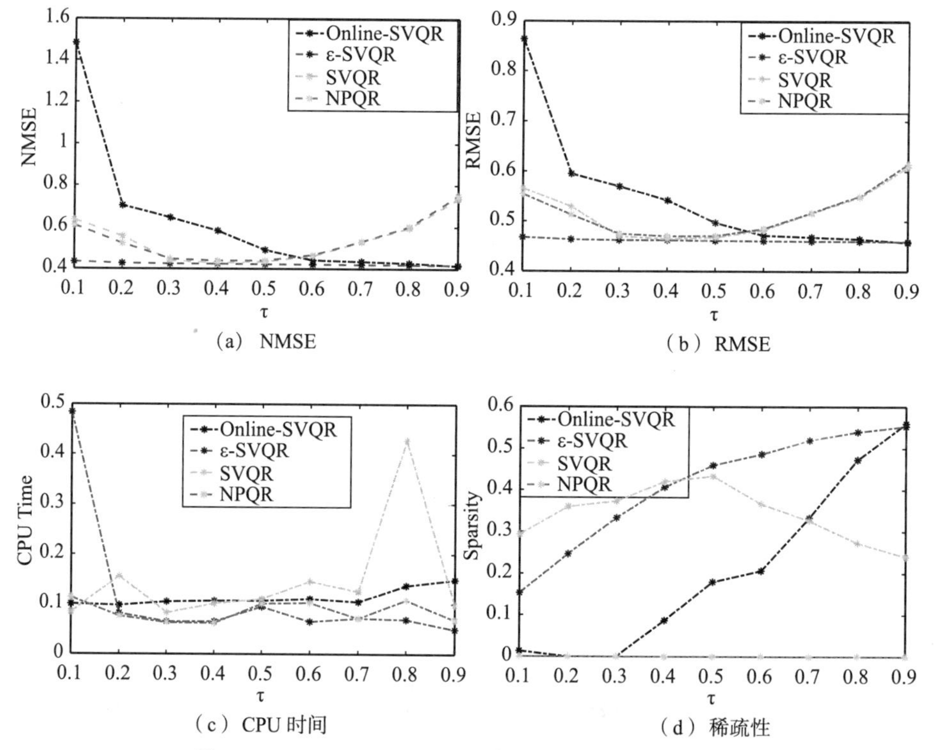

（a） NMSE　　（b） RMSE

（c） CPU 时间　　（d） 稀疏性

图2－7　RMSE Online－SVQR，ε－SVQR，SVQR，NPQR的NMSE、CPU时间和样本稀疏性

进一步对参数做敏感性分析，图 2 -7 显示参数 C 对 NMSE、RMSE、稀疏性和样本比例的影响，图 2 -8 表明当 C 大于 2^4 时，NMSE 和 RMSE 值变大。随着 C 的增大，样本稀疏性先增加后减少。当 C 为 2^2 时，样本稀疏性达到最大，RMSE 达到最小，从而表明 OL - SVQR 具有选择有用样本舍弃不相关样本的功能。

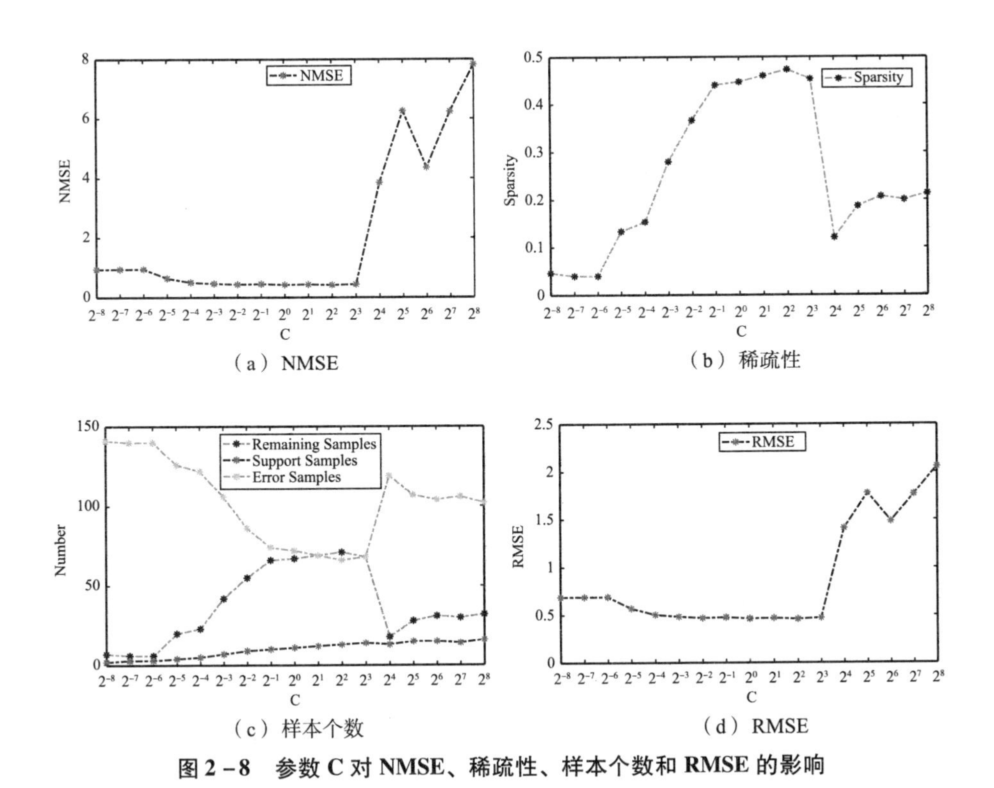

（a）NMSE　（b）稀疏性

（c）样本个数　（d）RMSE

图 2 -8　参数 C 对 NMSE、稀疏性、样本个数和 RMSE 的影响

图 2 -9 显示核参数对 NMSE、RMSE、稀疏性和样本比例的影响。随着核参数变大，NMSE 和 RMSE 先保持不变，当核参数大于 2^{-2}时，NMSE 和 RMSE 变大。当核参数为 2^{-3}时，样本稀疏性达到最大，RMSE 达到最小，由此表明 OL - SVQR 具有样本选择的功能。

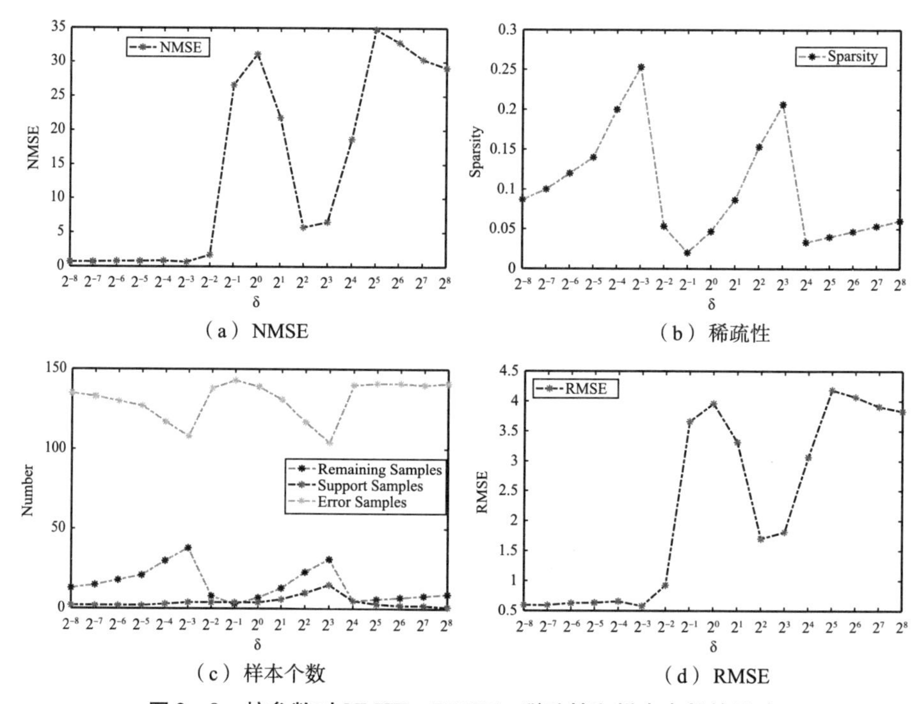

（a）NMSE　（b）稀疏性

（c）样本个数　（d）RMSE

图 2－9　核参数对 NMSE、RMSE、稀疏性和样本个数的影响

第三章

稀疏支持向量回归机

发展高维数据挖掘的稀疏学习技术，解决“维数灾难”问题，是数据科学研究的热点和难点。高维数据，如基因序列表达、图像识别、房地产交易等，具有信息价值密度低、维度高而样本量少、类型繁多且异质等特点。如何发展稀疏技术从高维数据中选取相关的主要特征，舍弃无关的冗余特征，完成信息价值“提纯”，是高维数据分析的核心任务之一。

在高维数据分析中，特征选择是重要的稀疏技术之一。特征选择指从高维数据中选取相关的主要特征，舍弃无关的冗余特征，尽可能保留原有数据的有用信息而降低数据的维度，降低模型复杂程度，减少计算，缓解存储压力，增强运算效率。因此，特征选择一方面能解决维数灾难问题，另一方面能降低学习任务的难度，对高维数据具有“提纯”和“瘦身”的功能。特征选择方法包括过滤式选择、包装式选择和嵌入式选择。嵌入式选择指学习器在训练过程中，根据权重系数来选择特征，具有包装式特征选择的精度，同时具有过滤式特征选择的效率，是当前特征选择的主流方法。

稀疏支持向量机是特征选择的有力技术，是典型的嵌入式特征选择方法，能有效解决维度高而样本量少的特征选择问题，即高维小样本问题。其中在回归的特征选择领域，对应有稀疏支持向量回归机，其可实现嵌入式特征选择，且特征选择结果具有较好的可解释性，本章重点介绍稀疏支持向量回归机模型，其线性回归决策函数均为：

$$f(x) = w^T x + b \tag{3-1}$$

其中，$w \in R^n$，$b \in R$。

第一节　稀疏支持向量回归机

一、L_1 -模支持向量回归机

为了提高传统 SVR 解的稀疏性，L_1 -模支持向量回归机（L_1 -norm Support Vector Regression，L_1 -SVR）将传统 SVR 优化问题中的 L_2 -模用 L_1 -模替代，得到：

$$\begin{aligned} &\min_{w,b,\xi,\eta} \|w\|_1 + C(e^T\xi + e^T\xi^*) \\ &\text{s. t. } Y-(Aw+b) \leqslant \varepsilon e + \xi,\ \xi \geqslant 0, \\ &(Aw+b) - Y \leqslant \varepsilon e + \xi^*,\ \xi^* \geqslant 0. \end{aligned} \tag{3-2}$$

式（3-2）可转化为线性规划问题求解。与 SVR 相比，L_1 -SVR 的解更具有稀疏性，特征选择效果较好。

二、L_p -模支持向量回归机

为了进一步提高特征选择效果，张等（Zhang et al.，2013）① 提出 L_p -模支持向量回归机（L_p -norm Support Vector Regression，L_p -SVR）（$0<p<1$）。与 L_1 -SVR 相比，L_p -SVR 的解更具有稀疏性，并具有自适应性质，即参数 p 随着样本数据的变化而变化，其原始问题为：

$$\begin{aligned} &\min_{w,b,\xi,\eta} \|w\|_p^p + C(e^T\xi + e^T\xi^*) \\ &\text{s. t. } Y-(Aw+b) \leqslant \varepsilon e + \xi,\ \xi \geqslant 0 \\ &(Aw+b) - Y \leqslant \varepsilon e + \xi^*,\ \xi^* \geqslant 0 \end{aligned} \tag{3-3}$$

---

① Zhang C，Li D，Tan J. The support vector regression with adaptive norms [J]. Procedia Computer Science，2013，18：1730-1736.

该优化问题可通过 SLA 算法来求解，与 L_1 - SVR 相比，L_p - SVR 的解更具有稀疏性，并且具有自适应性。

第二节　L_1 - 模最小二乘支持向量回归机

L_1 - 模支持向量回归机（L_1 - SVR）具有稀疏性，最小二乘支持向量回归机（Least Squares Support Vector Regression，LSSVR）具有训练速度快的优点，结合两类模型的优点，叶等（Ye et al.，2017）① 提出了 L_1 - 模最小二乘支持向量回归机（L_1 - norm Least Squares Support Vector Regression，L_1 - LSSVR）。

一、线性 L_1 - 模最小二乘支持向量回归机

线性 L_1 - 模最小二乘支持向量回归机的原始优化问题如下：

$$\min_{\omega,b,\xi} \|w\|_1 + |b| + \frac{C}{2}\xi^T\xi$$
$$\text{s.t. } Y - (Aw + eb) = \xi \tag{3-4}$$

其中，C 是权衡正则项和经验风险的权重的系数（C > 0）。可以采用交替方向乘子算法（Alternating Direction Method of Multipliers，ADMM）来求解 L_1 - LSSVR。

设 $z = [w;\ b]$ 和 $G = [A,\ e]$，式（3 - 4）可重新写为：

$$\min_{z,\xi} \|z\|_1 + \frac{C}{2}\xi^T\xi$$
$$\text{s.t. } Y - Gz = \xi \tag{3-5}$$

根据式（3 - 5）中的约束条件，进一步可得：

① Ye Y F，Ying C，Jiang Y X，et al. L_1 - norm least squares support vector regression via the alternating direction method of multipliers [J]. Journal of Advanced Computational Intelligence and Intelligent Informatics，2017，21（6）：1017 - 1025.

$$\min_{z,\xi}\|z\|_1+\frac{C}{2}\|Y-Gz\|^2 \tag{3-6}$$

令 $u=z$ 可得：

$$\min_{z,\xi}\|u\|_1+\frac{C}{2}\|Y-Gz\|^2$$
$$\text{s.t. } u=z. \tag{3-7}$$

进一步采用 ADMM 的迭代过程得：

$$z^{k+1}=\arg\min_{z}\frac{C}{2}\|Y-Gz\|_2^2+\frac{\mu}{2}\|z-u^k-d^k\|_2^2 \tag{3-8}$$

$$u^{k+1}=\arg\min_{u}\|u\|_1+\frac{\mu}{2}\|z^{k+1}-u-d^k\|_2^2 \tag{3-9}$$

$$d^{k+1}=d^k-(z^{k+1}-u^{k+1}) \tag{3-10}$$

其中，$\{z^k\in R^{n+1},\ k=0,\ 1,\ \cdots\}$，$\{u^k\in R^{n+1},\ k=0,\ 1,\ \cdots\}$，$\{d^k\in R^{n+1},\ k=0,\ 1,\ \cdots\}$。

式（3-8）是二次型规划问题，可以通过以下公式求解：

$$z^{k+1}\leftarrow B^{-1}w \tag{3-11}$$

其中，$B\equiv CG^TG+\mu I$，$w\equiv CG^TY+\mu(u^k+d^k)$。当 $\mu>0$ 时，矩阵 B 是可逆的。式（3-9）可以通过以下方式求解：

$$u^{k+1}\leftarrow \text{soft}\left(v^k,\ \frac{1}{\mu}\right) \tag{3-12}$$

其中 $v^k\equiv z^{k+1}-d^k$。

二、非线性 L_1 一模最小二乘支持向量回归机

把线性 L_1-LSSVR 推广非线性形式，非线性决策函数如下：

$$f(x)=K(x^T,\ A^T)w+b \tag{3-13}$$

其中，K 为高斯核。

非线性 L_1-模最小二乘支持向量回归机的原始优化问题如下：

$$\min_{\omega,b,\xi}\|w\|_1+|b|+\frac{C}{2}\xi^T\xi$$
$$\text{s.t. } Y-(K(A,\ A^T)w+eb)=\xi \tag{3-14}$$

式（3-14）可以重写为：

$$\min_{z,\xi} \|z\|_1 + \frac{C}{2}\xi^T\xi$$
$$\text{s. t. } Y - Hz = \xi \tag{3-15}$$

其中，$z = [w; b]$ 和 $H = [K(A, A^T), e]$。式（3－15）同理可以采用 ADMM 算法求解，此处就不加赘述。

第三节　广义不敏感自适应 Lasso 模型

一、Lasso 模型

假设 $Y = (y_1, \cdots, y_n)'$ 是应变量，X 是 $n \times p$ 矩阵，$x_i = (x_{i1}, \cdots, x_{ip})'$ 是 p 维向量，$\beta = (\beta_1, \cdots, \beta_p)'$ 是回归系数向量，回归决策函数为：

$$y_i = x_i'\beta + \varepsilon_i, \ i = 1, \cdots, n \tag{3-16}$$

其中，ε_i，$i = 1, \cdots, n$ 是均值为 0 的独立同分布的随机误差。假设 $\beta_j \neq 0 (j \leqslant p_0)$，$\beta_j = 0 (j > p_0, p_0 \geqslant 0)$。

蒂布希拉尼（Tibshirani，1996）① 构建有特征选择功能的 Lasso 模型：

$$\min_{\beta} \lambda|\beta| + \sum_{i=1}^{n} (y_i - x_i'\beta)^2 \tag{3-17}$$

其中，$|\cdot|$ 表示 L_1－模，$\lambda > 0$ 是调整参数。随着 λ 的增加，模型（3－17）中的 L_1－模正则项 β 解中的部分元素为 0。然而，由于 Lasso 模型使用相同的参数 λ 使 β 解产生明显的偏差。

为了克服 Lasso 的缺点，邹（Zou，2006）② 提出了如下自适应 Lasso 模型：

$$\min_{\beta} n\sum_{j=1}^{p} \lambda_j |\beta_j| + \sum_{i=1}^{n} (y_i - x_i'\beta)^2 \tag{3-18}$$

---

① Tibshirani R. Regression shrinkage and selection via the lasso [J]. Journal of the Royal Statistical Society: Series B (Methodological), 1996, 58 (1): 267－288.

② Zou H. The adaptive lasso and its oracle properties [J]. Journal of the American Statistical Association, 2006, 101 (476): 1418－1429.

不同特征给予不同的权重 λ_j。

由于 Lasso 和自适应 Lasso 都采用最小二乘损失如图 3－1 所示，其对异常点和噪声较敏感。用绝对误差损失（Least absolute deviation，LAD）（见图 3－2）替代最小二乘损失，王等（Wang et al.，2007）提出了 LAD－Lasso 模型：

$$\min_{\beta} n \sum_{j=1}^{p} \lambda_j |\beta_j| + \sum_{i=1}^{n} |y_i - x_i'\beta| \tag{3-19}$$

与 Lasso 和自适应 Lasso 模型相比，LAD－Lasso 对噪声和异常点的鲁棒性较强，但是当异常点严重脱离群体点时 LAD－Lasso 将无法控制其影响。

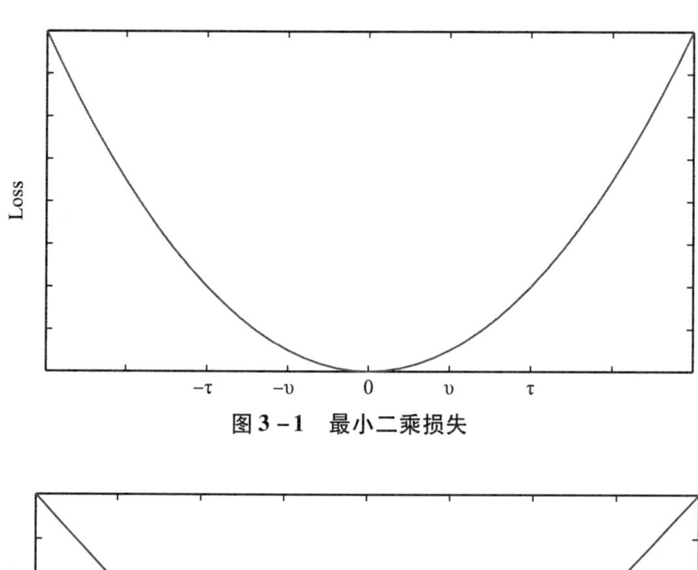

图 3－1　最小二乘损失

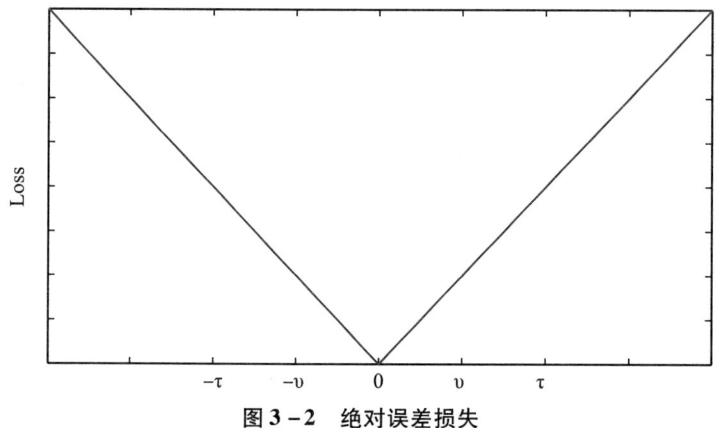

图 3－2　绝对误差损失

二、广义不敏感自适应损失函数

叶等（2021）① 设计如下广义不敏感自适应损失函数：

$$L_{\upsilon,\tau}(y_i - x_i'\beta) = \begin{cases} s\,|y_i - x_i'\beta| + (\tau - \upsilon) - s\tau, & \text{if } |y_i - x_i'\beta| > \tau \\ |y_i - x_i'\beta| - \upsilon, & \text{if } \upsilon < |y_i - x_i'\beta| < \tau \\ 0, & \text{if } |y_i - x_i'\beta| < \upsilon \end{cases} \tag{3-20}$$

其中，$\upsilon(\upsilon \geqslant 0)$ 是不敏感参数，$\tau(\tau \geqslant \upsilon)$ 是弹性区间参数，s（$0 \leqslant s \leqslant 1$）是自适应鲁棒参数。

参数 s 不同情况下的广义不敏感自适应损失函数。当 $s = 0$ 时，广义不敏感自适应损失函数变成了 Ramp 损失函数，当绝对误差超过 τ 时，Ramp 损失保持常数。当 $s = 1$ 时，广义不敏感自适应损失函数变成 ε－不敏感损失，当绝对误差不超过 ε 时，不给予惩罚。当 $s = 1$，$\upsilon = 0$ 时，广义不敏感自适应损失函数变成绝对误差损失。

三、广义不敏感自适应损失 Lasso 模型

根据上述的广义不敏感自适应损失函数，构建如下的广义不敏感自适应损失 Lasso 模型（GIA－Lasso）：

$$\min_{\beta} n \sum_{j=1}^{p} \lambda_j |\beta_j| + \sum_{i=1}^{n} L_{\upsilon,\tau}(y_i - x_i'\beta) \tag{3-21}$$

GIA－Lasso 同时具有鲁棒性和稀疏性。

采用凹凸规划（concave-convex programming，CCCP）算法求解（3－21）。将广义不敏感自适应损失函数分解为：

$$L_{convex}(y_i - x_i'\beta) = \begin{cases} |y_i - x_i'\beta| - \upsilon + s\,|y_i - x_i'\beta| - s\tau, & \text{if } |y_i - x_i'\beta| > \tau \\ |y_i - x_i'\beta| - \upsilon, & \text{if } \upsilon < |y_i - x_i'\beta| < \tau \\ 0, & \text{if } |y_i - x_i'\beta| < \upsilon \end{cases} \tag{3-22}$$

① Ye Y. F., Chi R. Y., Shao Y. H., et al. Indicator Selection of Index Construction by Adaptive Lasso with a Generic ε－Insensitive Loss [J]. Computational Economics, 2022, 60 (3): 971－990.

和

$$L_{concave}(y_i - x_i'\beta) = \begin{cases} \tau - |y_i - x_i'\beta|, & \text{if}\ |y_i - x_i'\beta| \geqslant \tau \\ 0, & \text{if}\ |y_i - x_i'\beta| < \tau \end{cases} \tag{3-23}$$

定义 $L_{convex}(y_i - x_i'\beta) = \max(0, |y_i - x_i'\beta| - \upsilon) + \max(0, s|y_i - x_i'\beta| - s\tau)$ 和 $L_{concave}(y_i - x_i'\beta) = -\max(0, |y_i - x_i'\beta| - \tau)$。模型 GIA – Lasso 可分解为：

$$P_{convex}(\beta) = n\sum_{j=1}^{p}\lambda_j|\beta_j| + \sum_{i=1}^{n}L_{convex}(y_i - x'_i\beta) \tag{3-24}$$

和

$$P_{concave}(\beta) = \sum_{i=1}^{n}L_{concave}(y_i - x'_i\beta) \tag{3-25}$$

假设 $\hat{\beta}$ 是模型 GIA – Lasso 的解，可得如下迭代形式：

$$\hat{\beta}^{k+1} = \arg\min_{\beta}\{P_{convex}(\beta) + \beta'\nabla P_{concave}(\hat{\beta}^k)\}$$

其中，$P_{convex}(\beta)$ 是 GIA – Lasso 的凸部分，$\nabla P_{concave}(\hat{\beta}^k)$ 是 GIA – Lasso 的凹部分 $P_{concave}(\hat{\beta}^k)$ 的微分。模型 GIA – Lasso 采用 CCCP 求解的迭代形式：

$$(\hat{\beta}^{k+1}) = \arg\min_{\beta}[P_{convex}(\beta) + \sum_{i=1}^{n}(\bar{\theta}_i^k + \tilde{\theta}_i^k)x'_i\beta] \tag{3-26}$$

其中

$$\bar{\theta}_i^k = \begin{cases} -1, & \text{if}\ x_i'\hat{\beta}^k - y_i \geqslant \tau \\ 0, & \text{if}\ x_i'\hat{\beta}^k - y_i < \tau \end{cases} \tag{3-27}$$

和

$$\tilde{\theta}_i^k = \begin{cases} 1, & \text{if}\ x_i'\hat{\beta}^k - y_i \leqslant -\tau \\ 0, & \text{if}\ x_i'\hat{\beta}^k - y_i > -\tau \end{cases} \tag{3-28}$$

式（3 – 26）重写为：

$$\min_{\beta} n\sum_{j=1}^{p}\lambda_j|\beta_j| + \sum_{i=1}^{n}(|y_i - x'_i\beta| - \upsilon)_+ + \sum_{i=1}^{n}(s|y_i - x'_i\beta| - \tau)_+ + \sum_{i=1}^{n}(\bar{\theta}_i^k + \tilde{\theta}_i^k)x'_i\beta \tag{3-29}$$

采用上界变量去掉式（3 – 29）的 $|\cdot|$，式（3 – 29）变成线性规划问题。GIA – Lasso 的求解算法如下：（1）初始变量 $\bar{\theta}^0$ 和 $\tilde{\theta}^0$；set $k = 1$；（2）求解问题（3 – 29）得 $\hat{\beta}^k$；（3）通过式（3 – 27）和式（3 – 28）求解 $\bar{\theta}^{k+1}$和；（4）如果 $(\bar{\theta}^{k+1}, \tilde{\theta}^{k+1}) = (\bar{\theta}^k, \tilde{\theta}^k)$，收敛；否则重置 $k = k + 1$，

返回步骤2；（5）求得 $\hat{\beta}$。

四、模拟仿真验证模型的稀疏性

为了验证 GIA - Lasso 的稀疏性，将采用模拟仿真技术来实现，并与 LAD - Lasso 和 Lasso 的仿真结果做比较。参数 υ 的取值范围是 0.001 ~0.1，参数 s 的取值范围是 0 ~1，$\hat{\lambda}_j = 1/(|\hat{\beta}_j|)$，j = 1，2，3，…，p，其中 $\hat{\beta}_j$ 通过最小二乘估计得到。

假设 n 为样本个数，$\hat{y}_i$ 是 y_i 的预测值，$\bar{y} = \frac{1}{n}\sum_{i=1}^{n} y_i$ 为 y_1，…，y_n 的平均值，将采用以下的评价指标：

$$NMSE = \frac{\sum_{i=1}^{n}(y_i - \hat{y}_i)^2}{\sum_{i=1}^{n}(y_i - \bar{y})^2}$$

$$RMSE = \sqrt{\frac{1}{n}\sum_{i=1}^{n}(y_i - \hat{y}_i)^2}$$

$$MAPE = \frac{\sum_{i=1}^{n}|y_i - \hat{y}_i|/y_i}{n}$$

有上述定义可知，NMSE，RMSE 和 MAPE 的值越小，说明数据的统计信息提取越充分。

设 n = 100，p = 10 和 $\beta = (0.5, 1, 1.5, 2, 2.5, 0, 0, 0, 0, 0)'$。$x_i$ 服从正态分布，y_i 由以下公式计算得到：

$$y_i = x_i'\beta + \sigma\varepsilon_i$$

其中，ε_i 服从后尾分布。考虑以下两种情况：情况 1：ε_i 是自由度为 3 的 t 分布，σ 为 1，有 5 个异常点；情况 2：ε_i 是指数分布，σ 为 0.5，存在 10 个异常点。

每种情况模拟仿真 200 次估计参数 β。图 3 -3 和图 3 -4 展示 $\hat{\beta}_1$，$\hat{\beta}_2$，…，$\hat{\beta}_{10}$模拟结果估计值的箱线图。表 3 -1 展示模拟结果的评价指标情况。

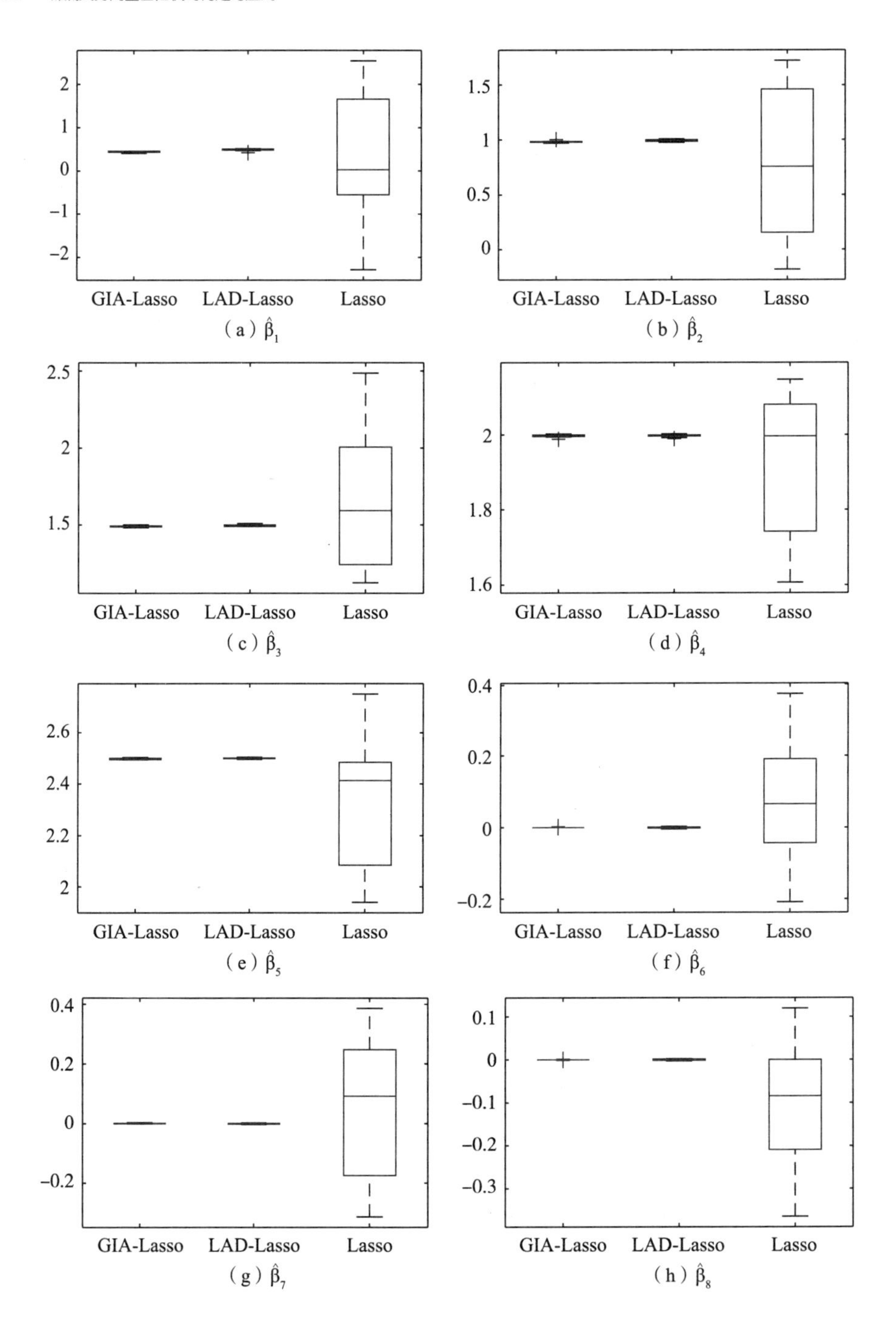

（a）$\hat{\beta}_1$　（b）$\hat{\beta}_2$

（c）$\hat{\beta}_3$　（d）$\hat{\beta}_4$

（e）$\hat{\beta}_5$　（f）$\hat{\beta}_6$

（g）$\hat{\beta}_7$　（h）$\hat{\beta}_8$

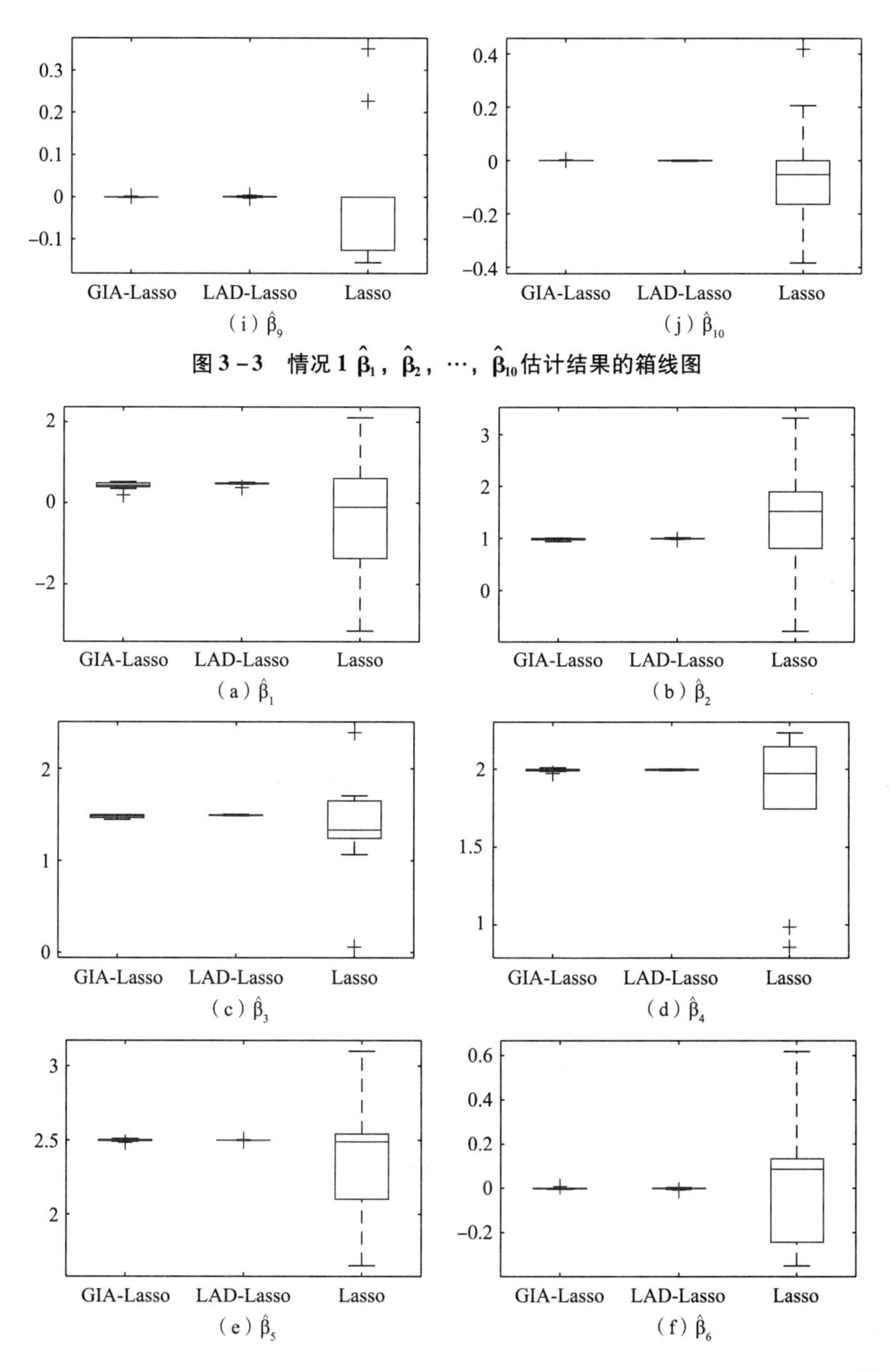

图 3－3　情况 1 $\hat{\beta}_1$，$\hat{\beta}_2$，…，$\hat{\beta}_{10}$ 估计结果的箱线图

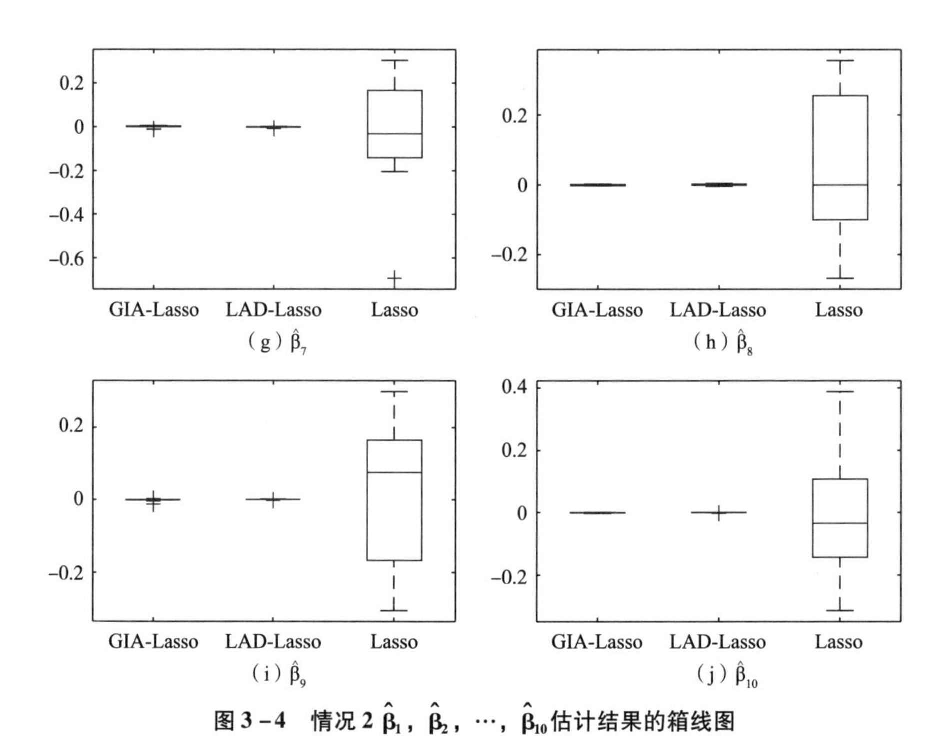

图 3－4　情况 2 $\hat{\beta}_1$，$\hat{\beta}_2$，…，$\hat{\beta}_{10}$估计结果的箱线图

表 3－1　　　　GIA－Lasso，LAD－Lasso，Lasso 模拟仿真的结果

数据	模型	NMSE	MAPE	RMSE
情况 1	GIA－Lasso	0.0015	0.2045	0.2909
	LAD－Lasso	0.0017	0.2632	0.3049
	Lasso	0.0871	1.6217	2.1624
情况 2	GIA－Lasso	0.0002	0.1371	0.1086
	LAD－Lasso	0.0003	0.0507	0.0399
	Lasso	0.1471	1.8752	2.7494

由图 3－3 和图 3－4 可知，GIA－Lasso 和 LAD－Lasso 的回归参数估计结果跟实际值很接近，GIA－Lasso 对冗余特征的识别准确率比 LAD－Lasso 要高的多。表 3－1 表示 GIA－Lasso 选取少量的特征但 NMSE，RMSE 和 MAPE 值

都比较小，意味着 LAD - Lasso 选择的少量特征能提取统计信息。因此，GIA - Lasso 不但能有效控制异常点的影响，而且能有效选取代表性指标。

第四节 L_p - 模最小二乘支持向量回归机

L_p - 模支持向量回归机（L_p - SVR）具有较好的稀疏性，最小二乘支持向量回归机（Least Squares Support Vector Regression，LSSVR）具有训练速度快的优点，结合两类模型的优点，叶等（Ye et al.，2017）[1] 提出了 L_p - 模最小二乘支持向量回归机（L_p - norm Least Squares Support Vector Regression，L_p - LSSVR）。

一、线性 L_p -模最小二乘支持向量回归机

考虑 n 维空间 R^n 中的回归问题，列向量 $x \in R^n$，$[x]_i (i=1, 2, \cdots, n)$ 表示向量 x 的第 i 个元素，$|x|$ 表示 x 的绝对值，$\|x\|_p$ 表示 $(|[x]_1|^p + |[x]_2|^p + \cdots + |[x]_n|^p)^{\frac{1}{p}}$，并假设（A，Y）为训练集，其中 A 表示 $l \times n$ 矩阵，$A_i \in R^n$ 表示第 i 个训练样本，$Y=(y_1; y_2; \cdots; y_l) \in R^l$ 表示训练样本 A 的因变量，$i=1, 2, \cdots, l$。以下简单介绍叶等（2017）提出的 L_p - RSVR。

L_p - 模最小二乘支持向量回归机（L_p - RSVR）需解决的线性函数为：

$$f(x) = w^T x + b \tag{3-30}$$

其中，$w \in R^n$，$b \in R$。引进正则项 $\|w\|_p^p + |b|^p$ 以及松弛变量 ξ，L_p - RSVR 模型的原始优化问题为：

$$\min_{w,b,\xi} \|w\|_p^p + |b|^P + Ce^T\xi$$
$$\text{s.t.} \ |Y-(Aw+b)| = \xi, \ \xi \geqslant 0 \tag{3-31}$$

其中，$C>0$，表示经验风险和正则项的权衡参数。

令 $z=[w; b]$ 和 $G=[A, e]$，则式（3-31）可写为：

---

① Ye Y F, Shao Y H, Deng N Y, et al. Robust Lp - norm least squares support vector regression with feature selection [J]. Applied Mathematics and Computation, 2017, 305: 32-52.

$$\min_{z,\xi}\|z\|_p^p + Ce^T\xi$$
$$\text{s. t. } |Y - Gz| = \xi,\ \xi \geqslant 0 \qquad (3-32)$$

由于式（3－32）中的目标函数中$\|z\|_p^p$是不可微。叶等（Ye et al.，2015）引进变量 $v = ([v]_1, \cdots, [v]_{n+1})^T$ 对式（3－32）进行光滑处理，得出如下问题：

$$\min_{z,\xi,v}\sum_{i=1}^{n+1}[v]_i^p + Ce^T\xi$$
$$\text{s. t. } |Y - Gz| = \xi,\ \xi \geqslant 0$$
$$-v \leqslant z \leqslant v \qquad (3-33)$$

由于式（3－33）是可微且非凸，采用 SLA 算法（Successive Linear Approximation，SLA）求式（3－33）的近似解。

假设初始随机变量为 z^0，ξ^0，v^0，第 k 次迭代随机变量 z^k，ξ^k，v^k 用来估计式（3－33）中的解 z，ξ，v。在 SLA 算法中，由 z^{k-1}，ξ^{k-1}，v^{k-1} 计算 z^k，ξ^k，v^k 的迭代问题为：

$$\min_{z,\xi,v}\sum_{i=1}^{n+1}[v^{k-1}]_i^{p-1}[v]_i + Ce^T\xi$$
$$\text{s. t. } |Y - Gz| = \xi,\ \xi \geqslant 0$$
$$-v \leqslant z \leqslant v \qquad (3-34)$$

其中，$(v^{k-1})^{p-1} = ([v^{k-1}]_1^{p-1}, \cdots, [v^{k-1}]_{n+1}^{p-1})^T$，$(\xi^{k-1}) = ([\xi^{k-1}]_1, \cdots, [\xi^{k-1}]_{n+1})^T$。式（3－34）迭代终止的条件为：

$$\left|\sum_{i=1}^{n+1}[v^{k-1}]_i^{p-1}([v^k]_i - [v^{k-1}]_i) + \frac{C}{2}\sum_{i=1}^{l}[\xi^{k-1}]_i([\xi^k]_i - [\xi^{k-1}]_i)\right| < \delta,$$

$0 < \delta << 1$。

综上所述，利用 SLA 算法求解 L_p－LSSVR 模型的具体过程为如下的算法 1：

算法 1　SLA 算法求解式（3－31）

输入：训练样本集 G＝［A，e］；参数 C，p 和 δ。

输出：w^*，b^* 和 ξ^*。

过程：（1）初始化 $v^0 = ([v]_1^0, \cdots, [v]_{n+1}^0)^T$ 和 k＝1；

（2）通过式（3－34）求解（z^k，ξ^k，v^k）；

（3）如果 $\left|\sum_{i=1}^{n+1}[v^{k-1}]_i^{p-1}([v^k]_i - [v^{k-1}]_i) + C\sum_{i}^{l}(\xi_i^k - \xi_i^{k-1})\right| < \delta$，那么停止迭代并求得解 $z = z^k$，否则令 k＝k＋1 重复步骤（2）；

（4）求得解（w^{*T}，b^*）$=z^*$，ξ^*和η^*。

算法1中采用SLA技术求得局部最优解，不能识别L_p-RSVR解中的非零元素，给出定理1来识别回归系数w中非零特征：

定理1　对于式（3-34）解w^*的元素满足：

$$\text{要么}\ |[w^*]_j| \geqslant \left(\frac{p}{C\sum_{i=1}^{l}|[x]_i|_j}\right)^{\frac{1}{1-p}}，\text{要么}\ |[w^*]_j| = 0，j=1，2，\cdots，n，$$

其中，$|[x]_i|_j$表示第i个训练样本第j个元素的绝对值，i=1，2，…，l。

此定理的详细证明请参照叶等（Ye et al.，2017），根据定理1，进而给出如下L_p-LSSVR的特征选择算法：

算法2：线性L_p-LSSVR的特征选择

输入：训练样本集$G=[A，e]$；参数C，p和δ。

输出：特征选择下标集合F'，$\tilde{x}$，$\tilde{w}^*$和b^*。

过程：（1）采用算法1求解式（3-34）的解（w^*；b^*）；

$$（2）\text{计算}\ L_j = \left(\frac{p}{C\sum_{i=1}^{l}|[x]_i|_j}\right)^{\frac{1}{1-p}}，j=1，2，\cdots，n；$$

（3）得到被选择特征的下标集合：$F' = \{j \mid |[w^*]_j| \geqslant L_j，j=1，2，\cdots，n\}$；

（4）令$\tilde{w}^* = ([w^*]_{s_1}，\cdots，[w^*]_{s_k})$，$\tilde{x} = ([x^*]_{s_1}，\cdots，[x^*]_{s_k})$，其中$s_j \in F'$；

（5）构建回归函数$f(\tilde{x}) = (\tilde{w}^*)^T\tilde{x} + b^*$。

二、非线性L_p-模最小二乘支持向量回归机

非线性L_p-模最小二乘支持向量回归机的原始问题如下：

$$\min_{\omega,b,\xi} \|w\|_p^p + |b|^p + \frac{C}{2}e^T\xi$$

$$\text{s.t.}\ |Y-(K(A，A^T)w+eb)| = \xi，\xi \geqslant 0 \qquad (3-35)$$

式（3-35）可改写为：

$$\min_{u,\xi} \|u\|_p^p + \frac{C}{2}e^T\xi$$

$$s.t.\ |Y-Hu|=\xi,\ \xi\geqslant 0 \tag{3-36}$$

其中，$u=[w^T,\ b]$，$H=[K(A,\ A^T),\ e]$。引入光滑技术 $v=([v]_1,\ \cdots,\ [v]_{l+1})^T$，式（3-36）可改写为：

$$\begin{aligned}&\min_{u,\xi,\nu}\sum_{i=1}^{l+1}[v]_i^p+C\sum_{i=1}^{l}\xi_i\\&s.t.\ |Y-Hu|=\xi,\ \xi\geqslant 0\\&-v\leqslant u\leqslant v,\ v\geqslant 0\end{aligned} \tag{3-37}$$

式（3-37）可以采用SLA算法求解。设初始解为 u^0，ξ^0，v^0，迭代次数 $k(k=1,\ 2,\ \cdots)$ 后得解 u^k，ξ^k，v^k，可从下式求得：

$$\begin{aligned}&\min_{u,\xi,\nu}\sum_{i=1}^{n+1}[v]_i^{p-1}[v]_i+C\sum_{i=1}^{l}\xi_i\\&s.t.\ |Y-Hu|=\xi,\ \xi\geqslant 0\\&-v\leqslant u\leqslant v,\ v\geqslant 0\end{aligned} \tag{3-38}$$

其中，$(v^{k-1})^{p-1}=([v^{k-1}]_1^{p-1},\ \cdots,\ [v^{k-1}]_{l+1}^{p-1})^T$。

三、模拟仿真验证模型的鲁棒性和稀疏性

为了验证 L_p - 模最小二乘支持向量回归机的鲁棒性，构造如下三种函数：

Type A：$y=\sin(x)$，$x\in[0,\ 2\pi]$

Type B：$y=x^{2/3}$，$x\in[-2,\ 2]$

Type C：$y=0.2\sin(2\pi x)+0.2x^2+0.3$，$x\in[0,\ 2]$

Type A 有16个训练样本点，其中有2个异常点，噪声服从 $N(0,\ 0.2^2)$。Type B 有38个训练样本点，其中有3个异常点，噪声服从 $N(0,\ 0.2^2)$。Type C 有21个样本点，包含2个异常点。图3-5展示上述三类函数 L_p - RSVR 和 LSSVR 的回归结果。由此可见，L_p - RSVR 对异常点的鲁棒性较好，受异常点的影响较少，而 LSSVR 易受异常点的影响，异常点导致最终决策函数的偏离。

图3-6和图3-7展示了参数 p 对 L_p - LSSVR 回归 NMSE 和 R^2 的影响，图3-8展示了参数 p 对 L_p - LSSVR 训练速度的影响。由这些图可知，随着 p 的增加 NMSE 和 R^2 波动较大，而训练时间逐渐下降。

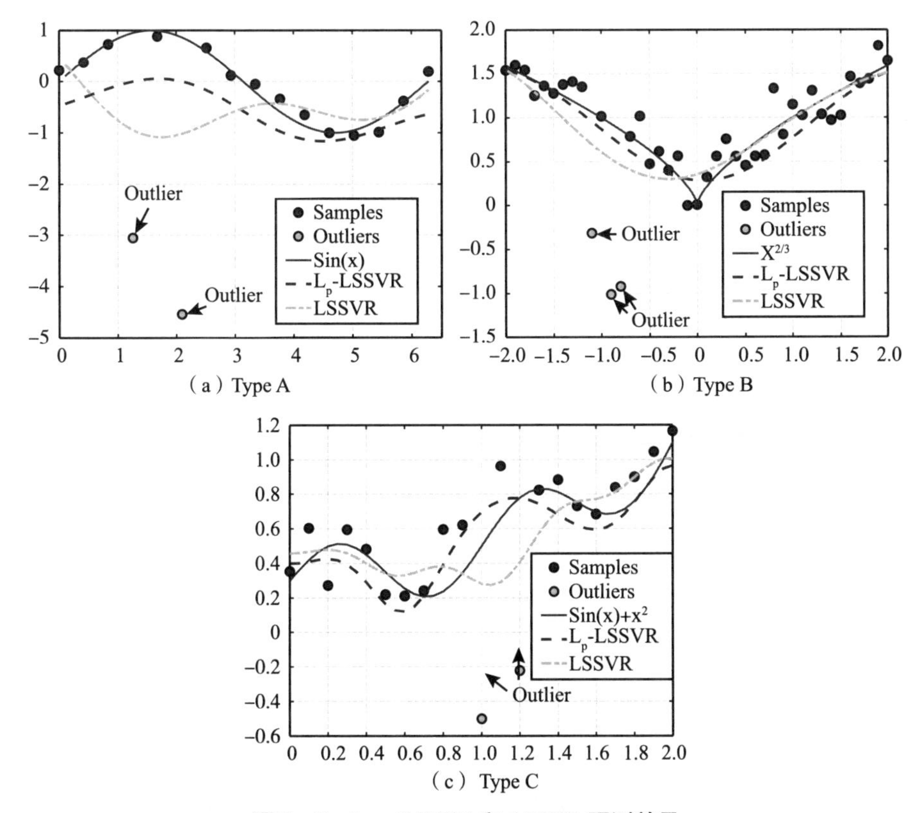

图 3-5 L_p-LSSVR 和 LSSVR 预测效果

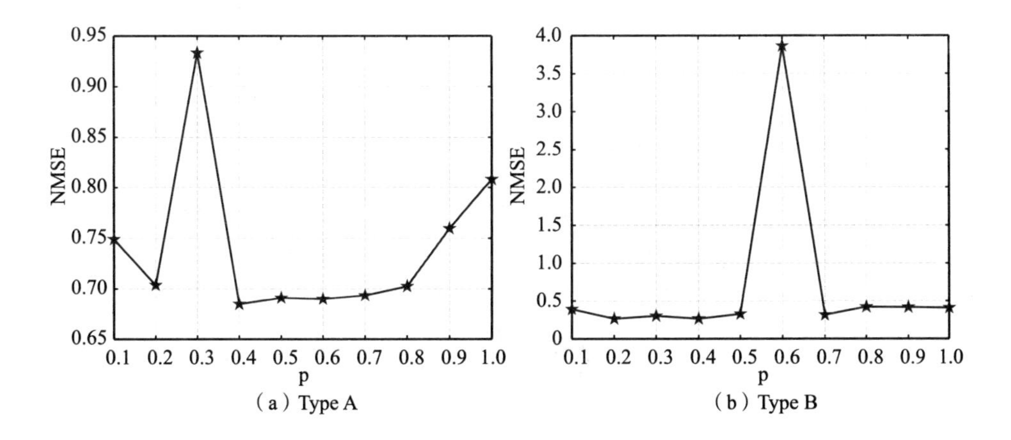

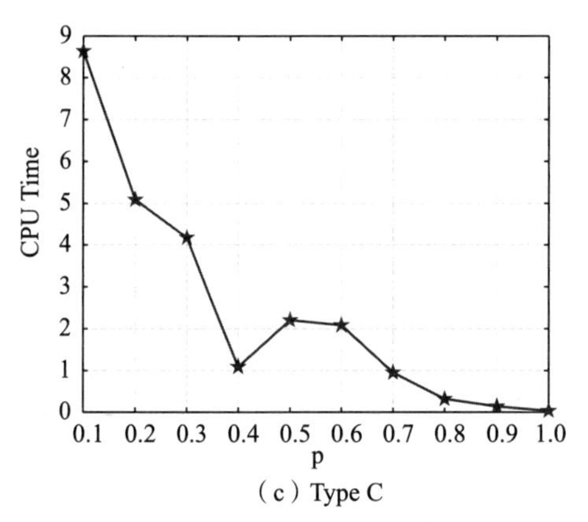

图 3-6　参数 p 变化 L_p -LSSVR 回归 NMSE 的变化情况

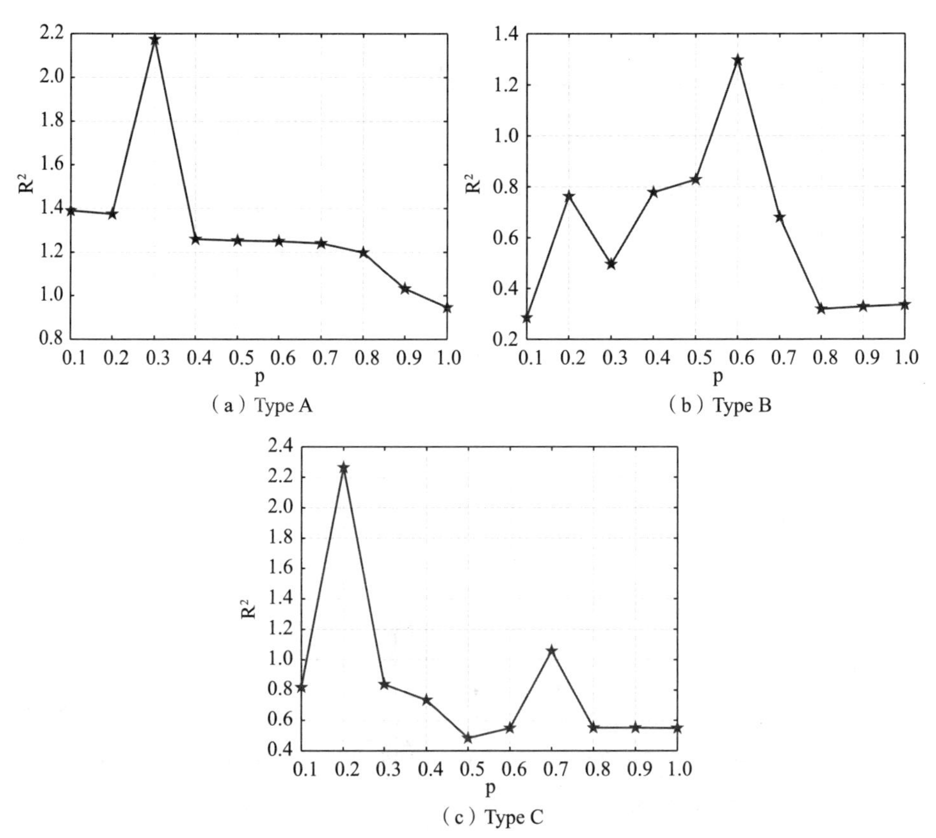

图 3-7　参数 p 变化 L_p -LSSVR 回归 R^2 的变化情况

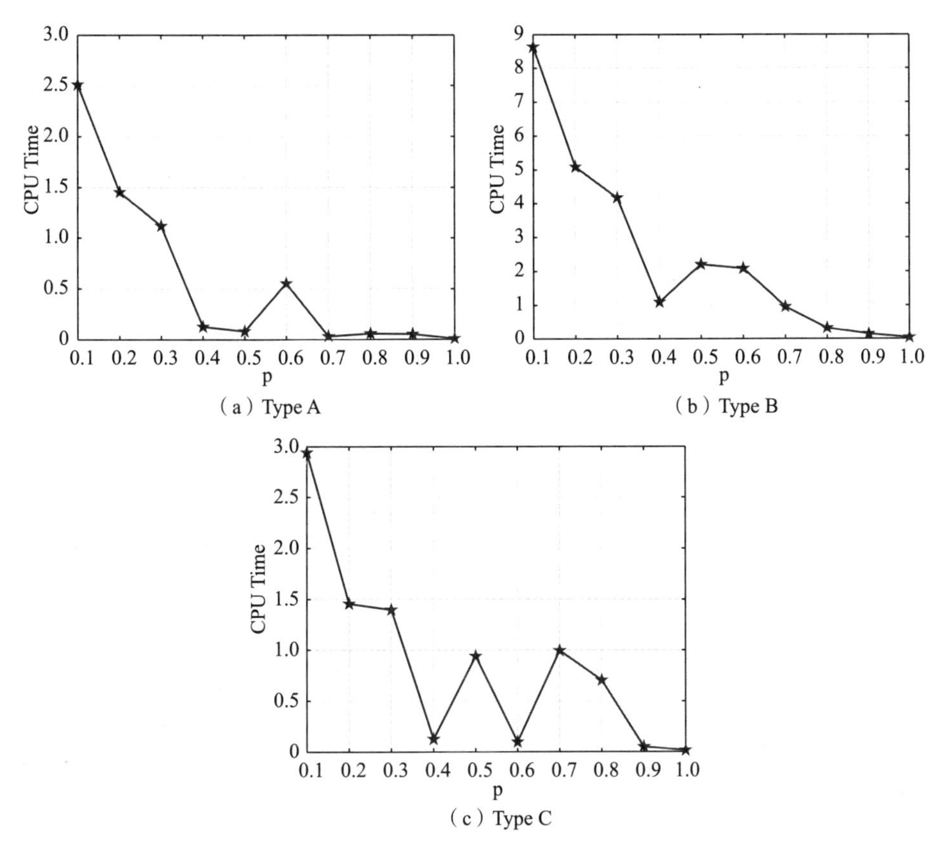

（a）Type A

（b）Type B

（c）Type C

图 3-8 参数 p 变化 L_p-LSSVR 回归训练时间的变化情况

为了验证 L_p-LSSVR 模型的稀疏性，构建以下函数：

$$y_i = \frac{\sin(x_{1i} + x_{2i})}{x_{1i} + x_{2i}} + \xi_i$$

$$x_{1i} \sim U[-4\pi,\ 4\pi]$$

$$x_{2i} = -4\pi + 8\pi\varepsilon_i$$

$$\xi_i \sim N(0,\ 0.1^2)$$

$$\varepsilon_i \sim U[0,\ 1]$$

图 3-9 展示了 L_p-LSSVR、L_p-SVR、L_1-SVR、LS-SVR 和 SVR 的特征选择结果。由此可见，L_p-LSSVR 和 L_p-SVR 的特征选择能力强，模型拟合的效果较好，而 LS-SVR 和 SVR 特征选择能力相对较弱，模型拟合的效果较差。

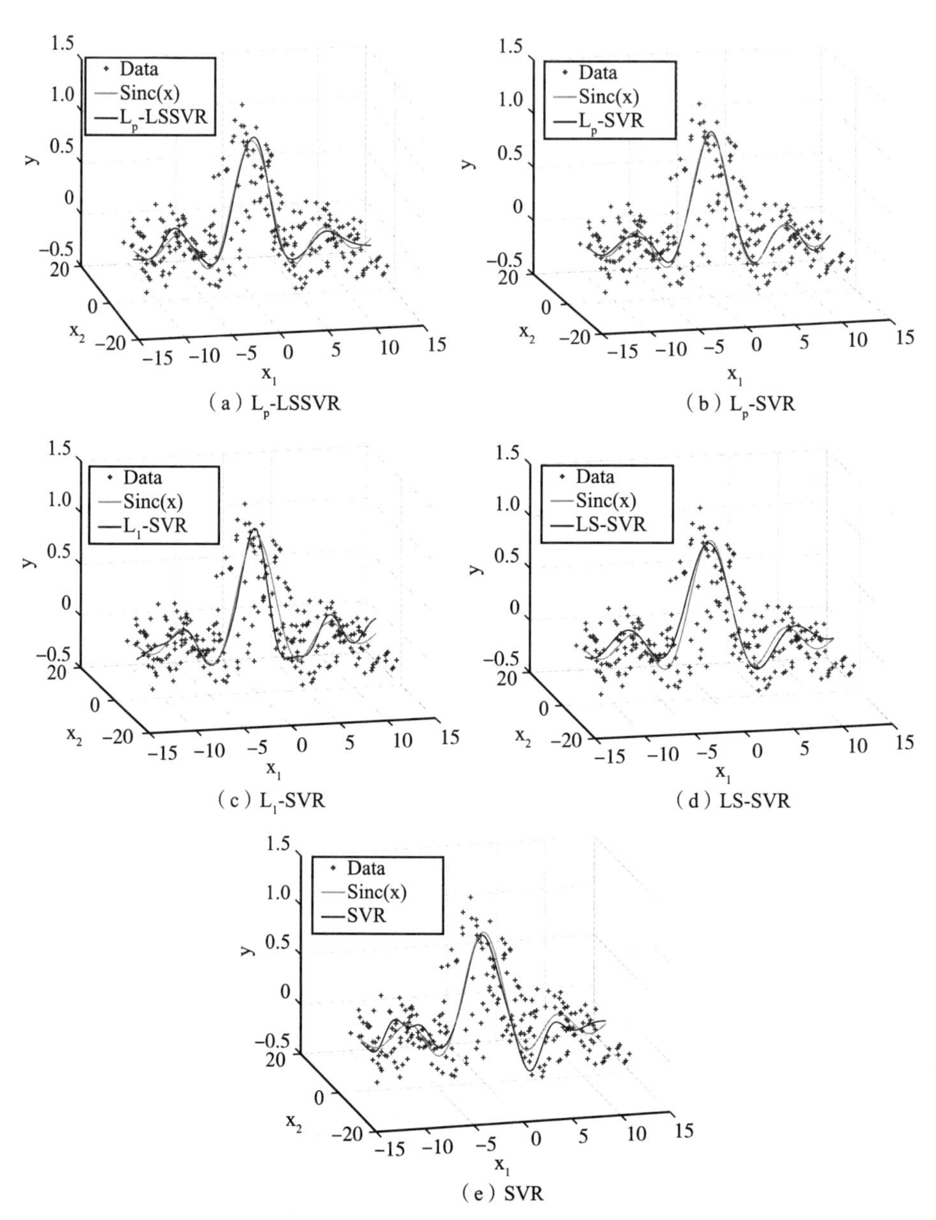

（a）L_p-LSSVR　（b）L_p-SVR　（c）L_1-SVR　（d）LS-SVR　（e）SVR

图 3－9　L_p－LSSVR、L_p－SVR、L_1－SVR、LS－SVR 和 SVR 的回归结果

第五节　L_p - 模支持向量分位数回归机

科恩克等（Koenker et al.，1978）[①] 提出的分位数回归（Quantile Regression，QR）研究自变量和因变量的条件分位数关系，反映自变量对因变量整体条件分布的影响，尤其关注尾部的分布特征，能提取数据的异质信息。QR 采用 pinball 损失函数，使用分位数加权的误差项绝对值之和来估计参数，随着分位数由 0 到 1 的变化，得到所有自变量对因变量条件分布轨迹的一簇曲线，全面捕捉因变量的条件分布特征，且对随机误差项无需做分布假定，回归结果具有较强的鲁棒性。

为了解决异质性高维数据的特征选择问题，叶等（2021）[②] 将分位数回归思想引入稀疏支持向量回归机框架，提出 L_p - 模支持向量分位数回归机（L_p - norm support vector quantile regression，L_p - SVQR）。针对异质高维数据，不同的分位数 L_p - SVQR 可以选择不同的特征。

一、L_p - 模支持向量分位数回归机

L_p - SVQR 的原始优化问题为：

$$\begin{aligned} \min_{w,b,\xi,\xi^*} \ & \|w\|_p^p + [\tau e^T\xi + (1-\tau)e^T\xi^*] \\ \text{s.t.} \ & Y - Aw - b \leqslant \xi,\ \xi \geqslant 0 \\ & Aw + b - Y \leqslant \xi^*,\ \xi^* \geqslant 0 \end{aligned} \quad (3-39)$$

其中，参数 $\tau(0<\tau<1)$ 表示分位数水平。引入光滑技术，式（3 - 39）变为：

$$\begin{aligned} \min_{w,b,\upsilon,\xi,\xi^*} \ & \sum_{i=1}^{K} [\upsilon]_i^p + \tau e^T\xi + (1-\tau)e^T\xi^* \\ \text{s.t.} \ & Y - Aw - b \leqslant \xi,\ \xi \geqslant 0 \end{aligned}$$

---

① Koenker R.，Gilbert B. Jr，Regression quantiles [J]. Econometrica: Journal of the Econometric Society，1978：33 - 50.

② Ye Y，Shao Y，Li C. A sparse approach for high-dimensional data with heavy-tailed noise [J]. Economic Research - Ekonomska Istraživanja，2022，35（1）：2764 - 2780.

$$Aw+b-Y\leqslant\xi^{*},\ \xi^{*}\geqslant 0$$
$$\|w\|\leqslant\upsilon,\ \upsilon\geqslant 0 \tag{3-40}$$

进一步采用 SLA 算法求解式（3－40）。设初始解为 z^0，ξ^0，v^0，迭代次数 $k(k=1, 2, \cdots)$ 后得到的解为 w^k，ξ^k，$\xi^{*k}v^k$，可从以下问题求得：

$$\min_{w,\upsilon,\xi,\xi^{*}} \sum_{i=1}^{K}[\upsilon^{k-1}]_i^{p-1}[\upsilon]_i+\tau\sum_{i=1}^{N}[\xi]_i+(1-\tau)\sum_{i=1}^{N}[\xi^{*}]_i$$
$$\text{s.t. } Y-Aw-b\leqslant\xi,\ \xi\geqslant 0$$
$$Aw+b-Y\leqslant\xi^{*},\ \xi^{*}\geqslant 0$$
$$\|w\|\leqslant\upsilon,\ \upsilon\geqslant 0 \tag{3-41}$$

其中，$\hat{\upsilon}^{k-1}=([\hat{\upsilon}^{k-1}]_1, \cdots, [\hat{\upsilon}^{k-1}]_K)^T$。

二、L_p－模支持向量分位数回归机的性质

式（3－41）的等价模型如下：

$$\min_{w,\upsilon,\xi,\xi^{*}} \tau\sum_{i=1}^{N}[\xi]_i+(1-\tau)\sum_{i=1}^{N}[\xi^{*}]_i$$
$$\text{s.t. } Y-Aw-b\leqslant\xi,\ \xi\geqslant 0$$
$$Aw+b-Y\leqslant\xi^{*},\ \xi^{*}\geqslant 0$$
$$|\beta|\leqslant\upsilon,\ \upsilon\geqslant 0$$
$$\sum_{i=1}^{K}[\upsilon^{k-1}]_i^{p-1}[\upsilon]_i\leqslant s \tag{3-42}$$

其中，s 是正则项系数。由式（3－42）的 KKT 条件可知 $0\leqslant\alpha_i\leqslant\tau$ 和 $0\leqslant\alpha_i^{*}\leqslant 1-\tau$，$\alpha_i$ 和 α_i^{*} 是拉格朗日乘子，进一步可得如下关系：

（1）如果 $y_i-w^Tx_i-b>0$，那么 $\xi_i>0$。这意味着 $\alpha_i=\tau$，$\alpha_i^{*}=0$，$\xi_i^{*}=0$；

（2）如果 $y_i-w^Tx_i-b<0$，那么 $\xi_i^{*}>0$。这意味着 $\alpha_i^{*}=1-\tau$，$\alpha_i=0$，$\xi_i=0$；

（3）如果 $y_i-w^Tx_i-b=0$，那么 $\xi_i=0$，$\xi_i^{*}=0$。这意味着 $\alpha_i\in[0, \tau]$，$\alpha_i^{*}\in[0, 1-\tau]$。

训练样本点可以分为以下 4 种集合：

$\varepsilon=\{i: y_i-w^Tx_i-b=0, -(1-\tau)\leqslant\alpha_i-\alpha_i^{*}\leqslant\tau\}$；

$L=\{i: y_i-w^Tx_i-b<0, \alpha_i-\alpha_i^{*}=-(1-\tau)\}$；

$R=\{i: y_i - w^T x_i - b > 0, \ \alpha_i - \alpha_i^* = \tau\}$；
$\nu=\{j: \beta_j \neq 0\}$。

三、模拟仿真验证模型的有效性

$$NMSE(s) = \sum_{i=1}^{N}(y_i - \hat{y}_i)^2 / \sum_{i=1}^{N}(y_i - \bar{y})^2 \tag{3-43}$$

$$SAEE(s) = \sum_{i=1}^{K}|\hat{\beta}_i - \beta_i| \tag{3-44}$$

P_1：非零系数的比例；

P_2：x_1 是否被选择；

AEE：估计参数的绝对误差 $|\hat{\beta}_i - \beta_i|$，$i=1, 2, \cdots, K$；

NMSE：$\sum_{i=1}^{n}(y_i - \hat{y}_i)^2 / \sum_{i=1}^{n}(y_i - \bar{y})^2$；

R^2：$R^2 = \sum_{i=1}^{n}(\hat{y}_i - \bar{y})^2 / \sum_{i=1}^{n}(y_i - \bar{y})^2$。

设计两个仿真函数，τ 分别取值为 0.1，0.3，0.5，0.7，0.9，特征个数为 $K=500$，样本个数为 $N=100$，第一个函数如下：

$$\text{Type A}: y = x_{50} + x_{100} + x_{150} + x_{200} + x_{250} + x_{300} + x_{350} + x_{400} + x_{450} + x_{500} + x_1\varepsilon \tag{3-45}$$

其中，随机误差项为 $\varepsilon \sim N(0, 1)$。

第二个函数如下：

$$\text{Type B}: y = x_2 + x_3 + x_4 + x_5 + x_6 + x_7 + x_8 + x_9 + x_{10} + x_{11} + x_1\varepsilon \tag{3-46}$$

其中，随机误差项 ε 服从柯西分布。设 $K=2000$，$N=500$，$\beta=(1, 1, 1, 1, 1, 1, 1, 1, 1, 1, 0, 0, \cdots, 0)$。

上述训练样本都属于 $K \gg N$ 的情况。采用十折交叉验证估计参数，模拟仿真 100 次，得到参数 β 的估计值，采用最小 NMSE 和 SAEE 来选择参数。表 3－2 和表 3－3 列出 L_p－SVQR，ε－SVQR，L_1－QR 特征选择结果。由此可见，L_p－SVQR 选择的特征比 ε－SVQR 和 L_1－QR 少，其主要原始是 L_p－模比 L_1－模和 L_2－模更加稀疏。虽然 L_p－SVQR 选择的特征个数比 ε－SVQR 和 L_1－QR 少，但是估计误差比 ε－SVQR 和 L_1－QR 小。此外，L_p－

SVQR 得到的 R^2 比 ε－SVQR 和 L_1－QR 大，而 NMSE 比它们都小。因此，L_p－SVQR 对后尾噪声更加具有鲁棒性。其主要原因是 L_p－SVQR 采用分位数损失和稀疏的 L_p－模。关于训练时间方面，ε－SVQR 训练时间比 L_1－QR 和 L_p－SVQR 快。

表 3－2　Type A 函数 L_p－SVQR，ε－SVQR 和 L_1－QR 的仿真结果

τ	模型	df	P_1（%）	P_2（%）	NMSE	R^2
0.1	L_p－SVQR	53.6	10.72	0	0.10（0.01）	0.80（0.03）
	ε－SVQR	500	100	100	0.73（0.03）	0.24（0.01）
	L_1－QR	500	100	100	0.72（0.04）	0.26（0.01）
0.3	L_p－SVQR	12.7	2.54	0	0.07（0.02）	0.92（0.03）
	ε－SVQR	500	100	100	0.73（0.03）	0.24（0.01）
	L_1－QR	500	100	100	0.72（0.04）	0.26（0.01）
0.5	L_p－SVQR	12.2	2.44	0	0.05（0.01）	0.94（0.02）
	ε－SVQR	500	100	100	0.74（0.03）	0.25（0.01）
	L_1－QR	500	100	100	0.72（0.04）	0.26（0.02）
0.7	L_p－SVQR	11	2.2	0	0.01（0.01）	0.97（0.01）
	ε－SVQR	500	100	100	0.73（0.04）	0.25（0.02）
	L_1－QR	500	100	100	0.72（0.04）	0.26（0.02）
0.9	L_p－SVQR	42.8	8.56	0	0.09（0.01）	0.83（0.02）
	ε－SVQR	500	100	100	0.74（0.04）	0.25（0.02）
	L_1－QR	500	100	100	0.72（0.04）	0.26（0.02）

表 3－3　Type B 函数 L_p－SVQR，ε－SVQR 和 L_1－QR 的仿真结果

τ	模型	df	P_1（%）	P_2（%）	NMSE	R^2
0.1	L_p－SVQR	360.1	18	10	0.02（0.01）	0.96（0.01）
	ε－SVQR	2000	100	100	0.42（0.01）	0.34（0.01）
	L_1－QR	2000	100	100	0.44（0.01）	0.36（0.01）

续表

τ	模型	df	P_1（%）	P_2（%）	NMSE	R^2
0.3	L_p – SVQR	480	24	10	0.03（0.01）	0.94（0.01）
	ε – SVQR	2000	100	100	0.43（0.01）	0.34（0.01）
	L_1 – QR	2000	100	100	0.44（0.01）	0.36（0.01）
0.5	L_p – SVQR	491.6	24.6	10	0.03（0.01）	0.93（0.01）
	ε – SVQR	2000	100	100	0.43（0.01）	0.34（0.01）
	L_1 – QR	2000	100	100	0.44（0.01）	0.36（0.01）
0.7	L_p – SVQR	487.75	24.4	10	0.03（0.01）	0.93（0.01）
	ε – SVQR	2000	100	100	0.43（0.01）	0.34（0.01）
	L_1 – QR	2000	100	100	0.44（0.01）	0.36（0.01）
0.9	L_p – SVQR	399.7	19.98	10	0.03（0.01）	0.95（0.01）
	ε – SVQR	2000	100	100	0.43（0.01）	0.34（0.01）
	L_1 – QR	2000	100	100	0.44（0.01）	0.36（0.01）

图3－10、图3－11和图3－12分别展示了τ为0.3，0.5和0.7时，估计参数β的绝对误差。L_p－SVQR估计的参数$\hat{\beta}$跟实际β值更加接近，两者之间的差异较小，绝对误差曲线在0附近波动。由此表明，L_p－SVQR的稀疏性强，能正确选择非零特征，因此L_p－SVQR是性能好的嵌入式特征选择模型，

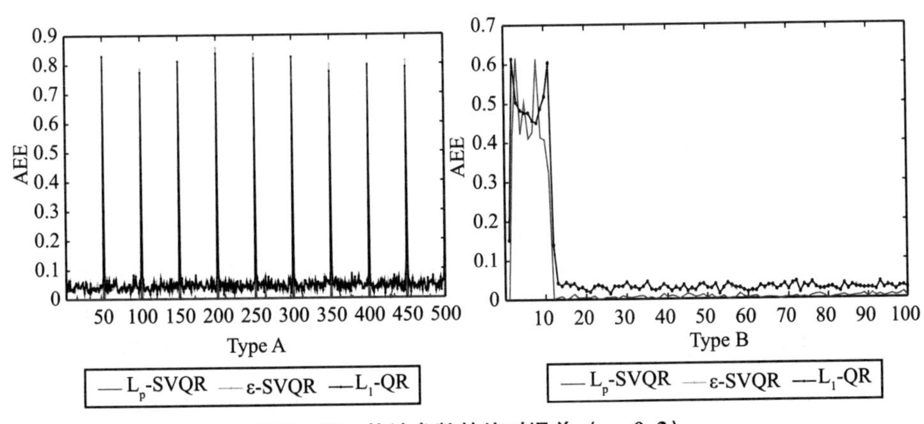

图3－10　估计参数的绝对误差（τ＝0.3）

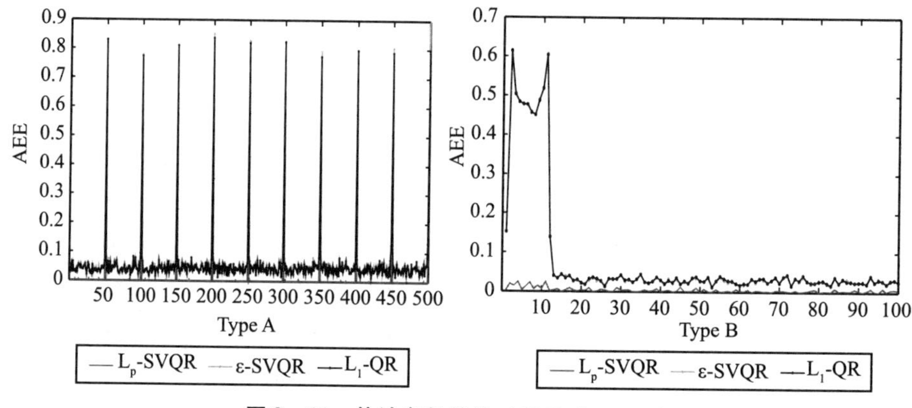

图 3-11　估计参数的绝对误差（τ=0.5）

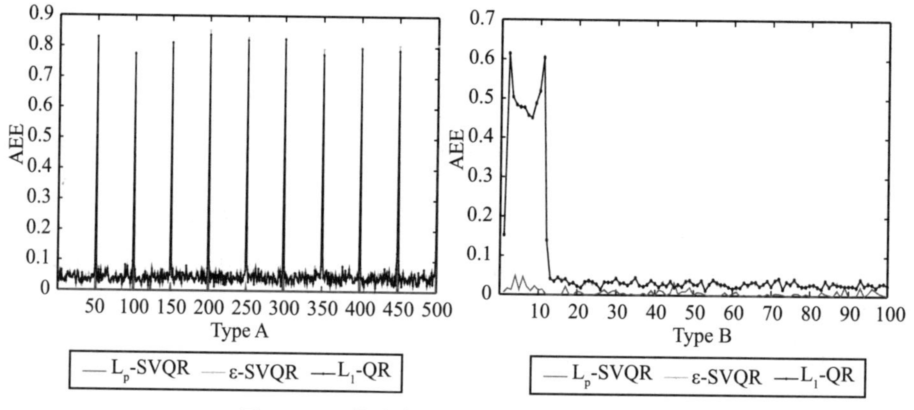

图 3-12　估计参数的绝对误差（τ=0.7）

做回归的同时实现了特征选择。L_1-QR 估计结果的波动性很大，尤其是 $\beta_i = 1(i \in \nu)$ 的时候。由此表明，L_1-QR 特征选择性能较差。ε-SVQR 估计结果与 L_1-QR 的结果类似，表明 ε-SVQR 特征选择性能也较差。综上所述，L_p-SVQR 特征选择能力比 ε-SVQR 和 L_1-QR 强。

进一步对比 β 参数的实际值和 L_p-SVQR 的估计值，选择参数 τ，p，s 分别为最优值，图 3-13 对比实际 β 值和参数估计值 $\hat{\beta}$ 的情况，图 3-14 展示 $|\beta_i - \hat{\beta}_i|$ 的值。由图 3-13 可知，两种模拟仿真函数的参数估计值和实际值很接近，$|\beta_i - \hat{\beta}_i|$ 的差异值都很小，表明 L_p-SVQR 能有效选取有用特征，舍弃无用特征的功能。

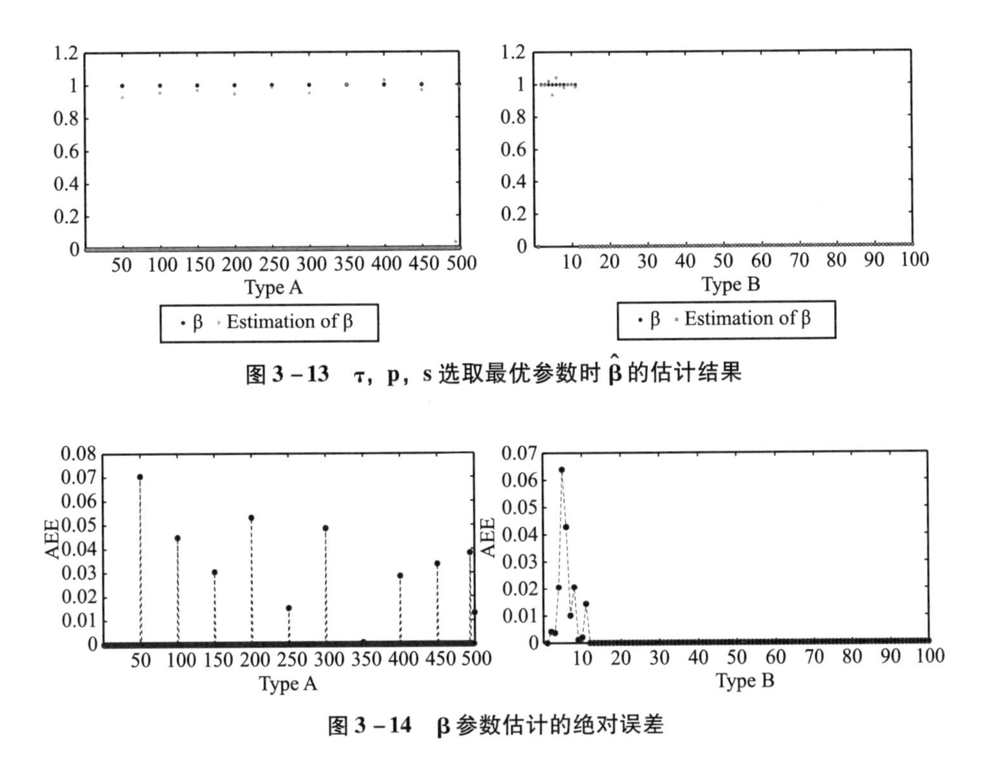

图 3-13　τ，p，s 选取最优参数时 $\hat{\beta}$ 的估计结果

图 3-14　β 参数估计的绝对误差

第六节　支持向量回归机的非线性特征选择

本章前面几节的特征选择模型都只能解决高维数据的线性特征选择问题，然而在高维数据的稀疏学习方面，如何使稀疏支持向量回归机选取的特征能体现数据内部的非线性结构，捕获数据的非线性信息？徐等（Xu et al.，2022）①提出了非支持向量回归机的特征选择模型（Feature Selection Method for Nonlinear Support Vector Regression，FS-NSVR）。

① Xu K，Xu Y，Ye Y，et al. Novel Feature Selection Method for Nonlinear Support Vector Regression [J]. Complexity，2022.

一、非支持向量回归机的特征选择模型

决策函数为：

$$f(x)=K(x^TZ,\ ZA^T)w+b \tag{3-47}$$

其中，$w\in R^n$，$b\in R$，K 为核函数，$Z=diag(1\ or\ 0)$ 是 0－1 二元变量组成的矩阵。FS－NSVR 的优化问题为：

$$\begin{aligned}&\min_{w,b,\xi,\xi^*,Z}\frac{1}{2}\|w\|_2^2+Ce^T(\xi+\xi^*)+e^TZe\\&s.t.\ Y-K(AZ,\ ZA^T)w-be\leqslant\varepsilon e+\xi,\ \xi\geqslant0\\&K(AZ,\ ZA^T)w+be-Y\leqslant\varepsilon e+\xi^*,\ \xi^*\geqslant0\\&Z=diag(1\ or\ 0)\end{aligned} \tag{3-48}$$

二、模型的求解

FS－NSVR 是混合整数规划问题。式（3－48）可以重写为：

$$\begin{aligned}&\min_{Z}\min_{w,b,\xi,\xi^*}\frac{1}{2}\|w\|_2^2+Ce^T(\xi+\xi^*)+e^TZe\\&s.t.\ Y-K(AZ,\ ZA^T)w-be\leqslant\varepsilon e+\xi,\ \xi\geqslant0\\&K(AZ,\ ZA^T)w+be-Y\leqslant\varepsilon e+\xi^*,\ \xi^*\geqslant0\\&Z=diag(1\ or\ 0)\end{aligned} \tag{3-49}$$

对该非凸混合整数非线性优化问题，直接求解具有挑战性，可采用交替迭代贪婪算法求近似解。首先固定 Z，求解式（3－49）的内层优化模型的对偶问题：

$$\begin{aligned}\min_{Z}\max_{\alpha,\beta}\ &-\frac{1}{2}\sum_{i=1}^{l}\sum_{j=1}^{l}(\alpha_i-\beta_i)K(x_i\circ Z_{ii},x_j\circ Z_{jj})(\alpha_j-\beta_j)\\&+\sum_{i=1}^{l}(\alpha_i-\beta_i)y_i-\varepsilon\sum_{i=1}^{l}(\alpha_i+\beta_i)+\sum_{k=1}^{n}Z_{kk}\\&s.t.\ \sum_{i=1}^{l}(\alpha_i-\beta_i)=0\\&0\leqslant\alpha_i\leqslant C,\ i=1,\ 2,\ \cdots,\ l\\&0\leqslant\beta_i\leqslant C,\ i=1,\ 2,\ \cdots,\ l\end{aligned}$$

$$Z_{kk} \in \{0, 1\}, \ k = 1, \cdots, n \tag{3-50}$$

显然式（3-50）是极小极大问题，固定解 α 和 β，可以求解外层整数规划问题 Z。在采用贪婪算法时，可计算每个特征的得分：

$$Value_{feature}(i) = \left\| \sum_{i=1}^{l} \sum_{j=1}^{l} (\alpha_i - \beta_i) K(x_i \circ Z_{ii}, x_j \circ Z_{jj})(\alpha_j - \beta_j) \right\| \tag{3-51}$$

进一步计算每个特征的权重：

$$Score_{feature}(i) = \frac{Value_{feature}(i)}{\sum_j Value_{feature}(j)} \tag{3-52}$$

给出初始解 $Z^{(0)}$，通过式（3-52）计算 $Score_{feature}$ 的值，如果 $Score_{feature}$ 小于 1/n，那么 $Z_{ii}^{(0)}=0$，否则 $Z_{ii}^{(0)}=1$。更新 Z 后，通过式（3-50）求解 α 和 β，再通过式（3-52）计算更新 Z，直到符合停机准则要求后，停止迭代，求得 Z，α，β，则决策函数中的 w 为：

$$w = K(AZ, \ ZA^T)^T(\alpha - \beta) \tag{3-53}$$

假设式（3-53）的解为 $\bar{\alpha} = (\bar{\alpha}_1, \bar{\alpha}_2, \cdots, \bar{\alpha}_l)^T$ 和 $\bar{\beta} = (\bar{\beta}_1, \bar{\beta}_2, \cdots, \bar{\beta}_l)^T$，若 $\bar{\alpha} \neq 0$，则 $\bar{b}$ 的解有以下几种情况：

（1）若 $\bar{\alpha}_j \in (0, C)$，则

$$\bar{b} = y_j - \sum_{i=1}^{l} (\bar{\alpha}_i - \bar{\beta}_i) K(x_i \circ Z_{ii}, x_j \circ Z_{jj}) + \varepsilon \tag{3-54}$$

（2）若 $\bar{\beta}_k \in (0, C)$，则

$$\bar{b} = y_k - \sum_{i=1}^{l} (\bar{\alpha}_i - \bar{\beta}_i) K(x_i \circ Z_{ii}, x_k \circ Z_{kk}) - \varepsilon \tag{3-55}$$

最终决策函数为：

$$f(x) = \sum_{i=1}^{l} (\bar{\alpha}_i - \bar{\beta}_i) K(x_i \circ Z_{ii}, x^T Z) + \bar{b} \tag{3-56}$$

算法 1. 非线性支持向量回归机的特征选择

输入：训练集（A，Y）；参数 δ 和 C；
输出：α，β and Z；
开始
设 $Z^0=I$；迭代次数 k=1；

续表

当 $k<N$ 时
固定 $Z^{(k-1)}$，寻找（$\alpha^{(k)}$，$\beta^{(k)}$）；通过式（3-56）计算特征得分
当 $i=1$：n
如果 $Score_{feature}(i)<1/n$，则
$Z_{ii}^{(k)}=0$
否则
$Z_{ii}^{(k)}=1$
结束
结束
如果 $\|\alpha^{(k+1)}-\beta^{(k+1)}\|^2\approx\|\alpha^{(k)}-\beta^{(k)}\|^2$，则
收敛则得 $\alpha^{(k+1)}$，$\beta^{(k+1)}$ 和 $Z^{(k)}$。
否则
设 $k=k+1$
结束
结束
产出 $\alpha^{(k+1)}$，$\beta^{(k+1)}$ 和 $Z^{(k)}$；
结束

三、模型有效性验证

模型有效性评价指标包括：P_1 表示被选特征的个数；拟合优度 $R^2=\sum_{i=1}^{m}(\hat{y}_i^t-\bar{y})^2/\sum_{i=1}^{m}(y_i^t-\bar{y})^2$，均方误 $NMSE=\sum_{i=1}^{m}(y_i^t-\hat{y}_i^t)^2/\sum_{i=1}^{m}(y_i^t-\bar{y})^2$，均方根误差 $RMSE=\sqrt{\frac{1}{m}\sum_{i=1}^{m}(y_i^t-\hat{y}_i^t)^2}$。

特征维度 $l=500$，样本个数 $n=200$，噪声为 $\varsigma\sim N(0,\ 0.01)$，构建以下三种函数：

$$\text{Type A: } y=\frac{\sin(\sqrt{x_{50}^2+x_{100}^2+x_{150}^2+x_{200}^2+x_{250}^2+x_{300}^2+x_{350}^2+x_{400}^2+x_{450}^2+x_{500}^2})}{\sqrt{x_{50}^2+x_{100}^2+x_{150}^2+x_{200}^2+x_{250}^2+x_{300}^2+x_{350}^2+x_{400}^2+x_{450}^2+x_{500}^2}}+\varsigma$$

其中，$x_i \in [-5\pi, 5\pi]$，$i \in \{50, 100, 150, 200, 250, 300, 350, 400, 450, 500\}$。

$$\text{Type B: } \begin{aligned} & y=(1-\sqrt{x^2}+2x^2)e^{-0.5x^2}+\varsigma \\ & x^2=x_{50}^2+x_{100}^2+x_{150}^2+x_{200}^2+x_{250}^2+x_{300}^2+x_{350}^2+x_{400}^2+x_{450}^2+x_{500}^2 \end{aligned}$$

其中，$x_i \in [-10, 10]$，$i \in \{50, 100, 150, 200, 250, 300, 350, 400, 450, 500\}$。

$$\text{Type C: } \begin{aligned} & y=6\sin(0.5\pi-x)+3(\sin(0.5\pi-x))\varsigma \\ & x=\sqrt{x_{50}^2+x_{100}^2+x_{150}^2+x_{200}^2+x_{250}^2+x_{300}^2+x_{350}^2+x_{400}^2+x_{450}^2+x_{500}^2} \end{aligned}$$

其中，$x_i \in [-10, 10]$，$i \in \{50, 100, 150, 200, 250, 300, 350, 400, 450, 500\}$。

为了评价特征选择的准确性，采用如下的指标：

$$\text{精确率（Precision）}=\frac{tp}{tp+fp}$$

$$\text{召回率（Recall）}=\frac{tp}{tp+fn}$$

其中，tp 实际上是正样本被判为正样本，fp 表示实际上是反例的样本误判为正例的情况，fn 实际上是正例的样本被误判为反例，tn 实际上是反例的样本被判为反例。精确率和召回率是二分类问题的评价指标，此处采用这两个指标评价 FS－NSVR，L_1－SVR，L_p－SVR 和 L_1－LSSVR 的特征选择结果的准确性。

采用网格搜索法，选取 FS－NSVR，L_1－SVR，L_p－SVR，L_1－LSSVR 的最优参数，选择的结果如表 3－4 所示。表 3－5 给出模型 FS－NSVR，L_1－SVR，L_p－SVR，L_1－LSSVR 特征选择和回归的结果。从表 3－5 可知，FS－NSVR 得到的精确率和召回率比 L_1－SVR，L_p－SVR 和 L_1－LSSVR 高。FS－NSVR 得到的 R^2 都比 L_1－SVR，L_p－SVR 和 L_1－LSSVR 大，而 NMSE 都要小。由此可见，在非线性特征选择问题中，FS－NSVR 能选取代表性特征。因而 FS－NSVR 适合处理非线性特征选择问题，而 L_1－SVR，L_p－SVR 和 L_1－LSSVR 不适合处理非线性特征选择问题。在训练速度方面，FS－NSVR 的训练速度比 L_1－LSSVR 慢，而比 L_1－SVR 和 L_p－SVR 快。

表 3-4　　模型参数的选择结果

数据集	模型	C	δ
Type A	FS-NSVR	2^4	2^3
	L_1-SVR	2^{-5}	2^0
	L_p-SVR	2^{-3}	2^{-3}
	L_1-LSSVR	2^{-3}	2^{-3}
Type B	FS-NSVR	2^3	2^2
	L_1-SVR	2^0	2^0
	L_p-SVR	2^{-3}	2^{-3}
	L_1-LSSVR	2^{-1}	2^{-1}
Type C	FS-NSVR	2^1	2^1
	L_1-SVR	2^{-2}	2^{-2}
	L_p-SVR	2^{-4}	2^{-1}
	L_1-LSSVR	2^{-4}	2^{-4}

表 3-5　　比较 FS-NSVR，L_1-SVR，L_p-SVR，L_1-LSSVR 的回归结果

数据集	模型	NMSE	R^2	RMSE	精确率	召回率	CPU 时间
Type A	FS-NSVR	0.707	0.146	0.146	22.22	100	0.148
	L_1-SVR	1.032	0.031	0.177	16.67	10	2.107
	L_p-SVR	1.028	0.028	0.176	/	0	2.701
	L_1-LSSVR	1.028	0.031	0.176	0	0	0.004
Type B	FS-NSVR	0.032	0.884	0.069	34.48	100	0.071
	L_1-SVR	1.068	0.074	0.396	1.26	10	1.379
	L_p-SVR	1.077	0.078	0.397	/	0	2.702
	L_1-LSSVR	1.001	0.001	0.383	/	0	0.004
Type C	FS-NSVR	0.006	0.885	0.324	18.51	100	0.076
	L_1-SVR	1.003	0.009	4.186	0	0	1.229
	L_p-SVR	1.011	0.011	4.201	/	0	2.584
	L_1-LSSVR	0.997	0.001	4.174	0	0	0.005

进一步分析核参数 p 对非线性特征选择结果的影响，另外参数为最优，图 3－15、图 3－16 和图 3－17 分别展示三种函数核参数 p 对 NMSE、R^2、精确率和召回率的影响。由此发现，当 p 增加时，NMSE 先保持不变，然后下降再上升，R^2 和精确率先保持不变，再上升，随后下降。由此表明核参数对 FS－NSVR 特征选择具有重要的影响。图 3－18、图 3－19、图 3－20 分别展示三种函数参数 C 对非线性特征选择结果的影响。随着参数 C 的增长，NMSE 先下降再保持不变。

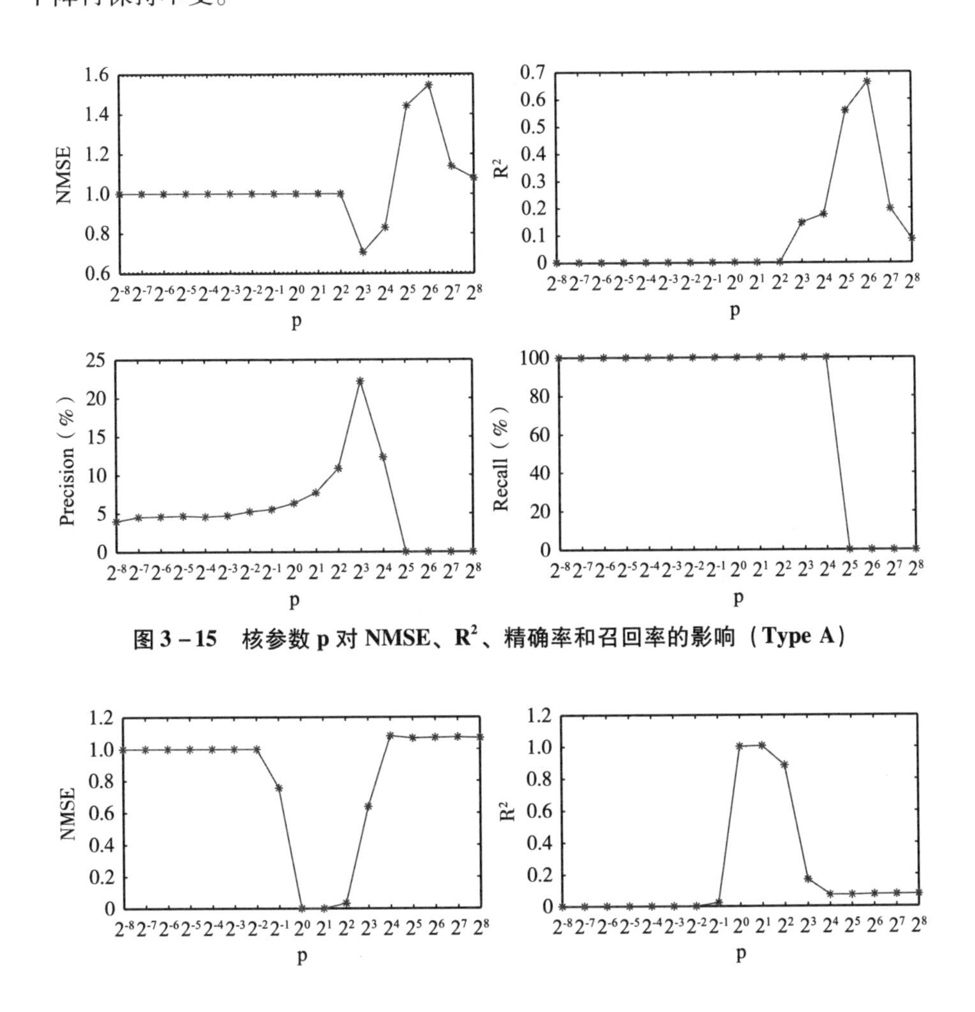

图 3－15　核参数 p 对 NMSE、R^2、精确率和召回率的影响（Type A）

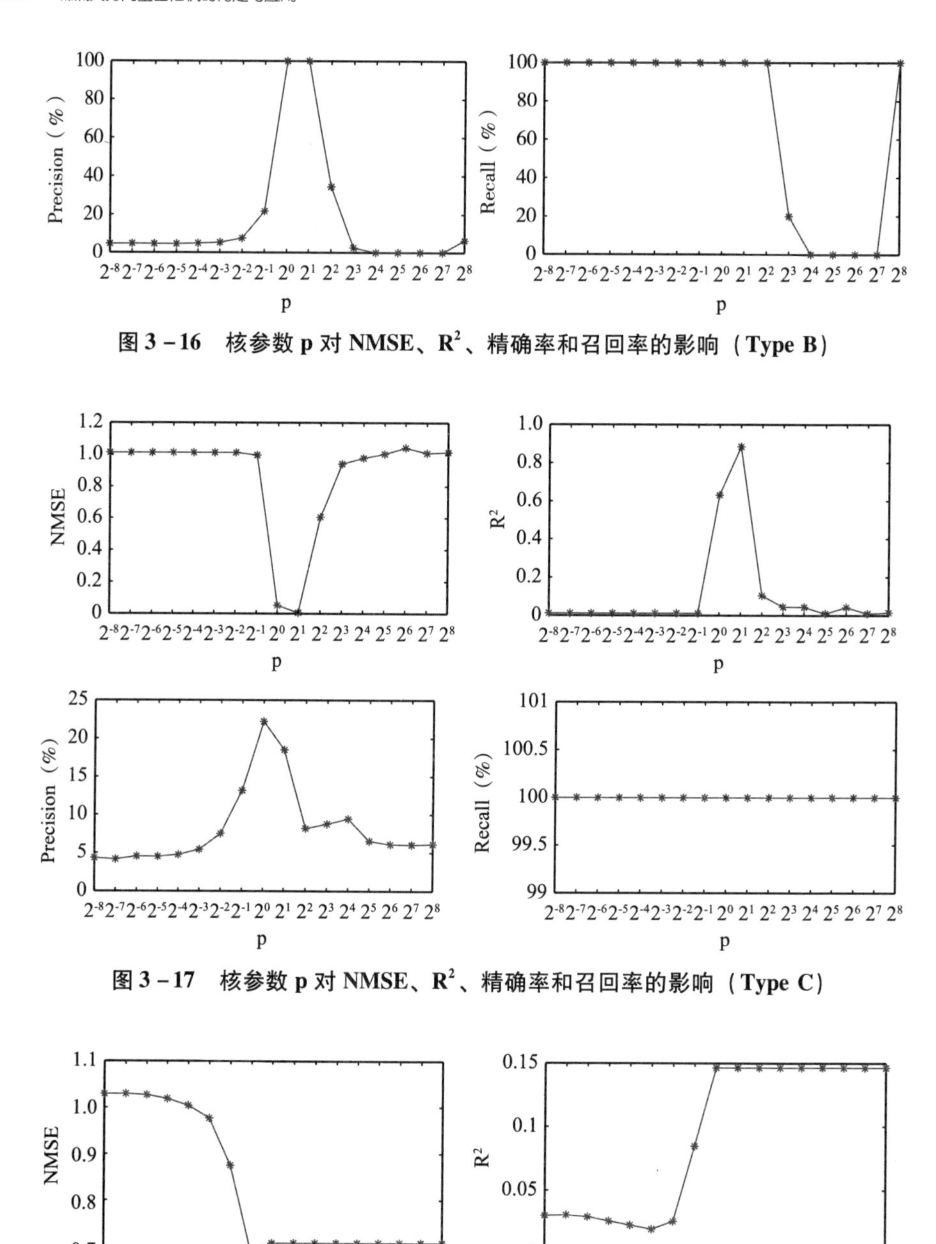

图 3－16　核参数 p 对 NMSE、R^2、精确率和召回率的影响（Type B）

图 3－17　核参数 p 对 NMSE、R^2、精确率和召回率的影响（Type C）

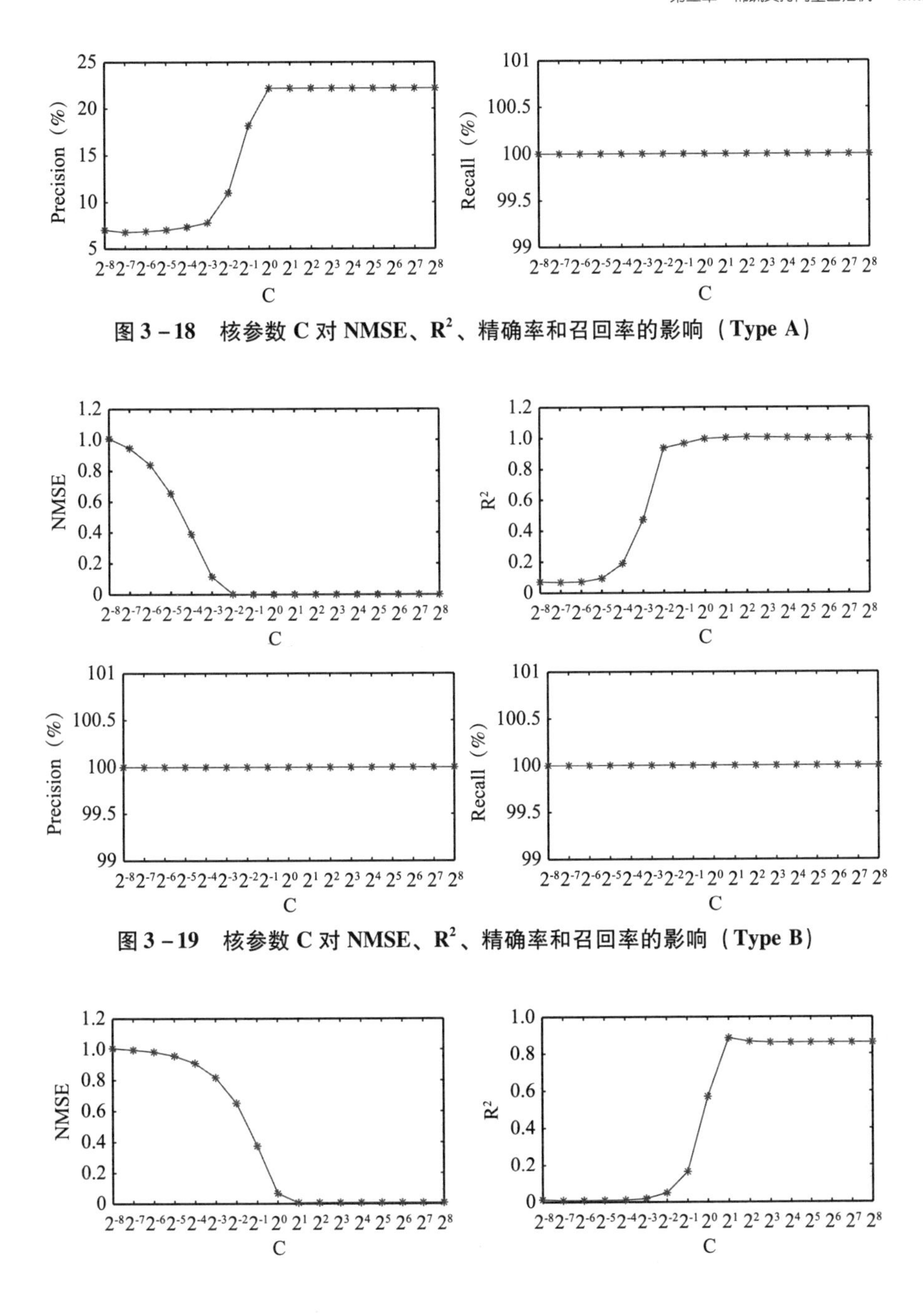

图 3－18　核参数 C 对 NMSE、R^2、精确率和召回率的影响（Type A）

图 3－19　核参数 C 对 NMSE、R^2、精确率和召回率的影响（Type B）

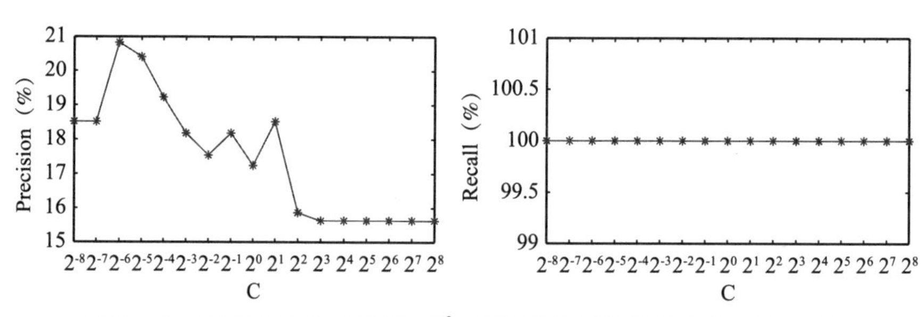

图 3-20　核参数 C 对 NMSE、R^2、精确率和召回率的影响（Type C）

第三篇

应 用 篇

第四章

中国金融状况指数的构建方案

第一节　指数构建的研究现状

一、金融状况背景

为了推动线上消费模式多样化，互联网企业推出第三方移动支付、网络借贷、互联网保险、互联网理财等金融创新服务。以大数据、互联网、云计算、人工智能、区块链等数字技术为代表的互联网金融发展迅速，引导资金从高污染、高能耗的产业流向高科技、高附加值的新兴产业，推动产业结构绿色转型升级，为经济高质量发展助力。近十年来，中国政府高度重视互联网金融的发展。金融模式的变迁改变了货币政策对实体经济的影响，对传统的货币政策理论提出了新挑战。

与此同时，中国资本市场（包括房地产市场、股票市场和外汇市场等）日益发展，资产价格波动频繁：中国房地产价格不断攀升，从 2001 年第 1 季度到2011年第4季度，全国商品房销售季度平均价格涨幅超过10%竟达9次，2009年第1季度涨幅高达18.8%；中国股票价格波动异常剧烈，以上证综合指数为例，2007年第1季度涨幅高达41.8%，而2008年第2季度跌幅高达26%；人民币汇率波动幅度不断增强，从2005年第3季度到2011年第4季度，人民币汇率平均季度波动幅度为1.14%，其中2008年第1季度的波动幅度为3.56%。[①]

面对资产价格波动的宏观经济问题，我国的货币政策操作频繁：2006年7月～2008年6月，为了抑制经济过热，中国人民银行连续18次提高法定存款准备金率；2008年9月～2008年12月，为了有效应对美国金融危机，中国人民银行连续3次下调大型金融机构存款准备金率；2010年1月～2011年6月，为了收缩流动性、减轻通胀压力和缓解房地产价格上涨，中国人民银行连续9次上调大型金融机构存款准备金率，大型银行存款准备金率高达21.5%，创历史最高点；2015年以来为了保持经济稳定增长，连续两次下调存款准备金率。2018年以来12次下调存款准备金率，共释放长期资金约8万亿元，其中，2018年4次降准释放资金约3.65万亿元，2019年5次降准释放资金约2.7万亿元，2020年1～5月3次降准释放资金约1.75万亿元。[②]

由此可见，资产价格作为重要的信号源和参照系，为中央银行的货币政策制定提供了指示器的作用。为了探索资产价格在货币政策中的信息作用，由利率和汇率构成了货币状况指数（Monetary Conditions Index，MCI）（Eika et al.，1996），但MCI并未考虑资产市场在货币政策中的传导机制，具有一定局限性。MCI扩展后构建包含利率、汇率和资产价格等信息的金融状况指数（Financial Conditions Index，FCI）反映金融市场状况，提高了对未来宏观经济的预测能力（Goodhar & Hofmann，2001）。那么，在互联网金融背景下，如何合理构建金融状况指数，在一定程度上反映未来产出与通货膨胀的有用信息，可以成为货币政策的重要参考指标尤为重要。

---

① 根据中国人民银行网站、中国统计局和富远行情软件数据计算得出，相关资料可以参考叶娅芬．基于DSGE模型的中国货币政策规则有效性研究［D］．杭州：浙江工业大学，2011.

② 中国人民银行网站（http：//www.pbc.gov.cn）。

二、金融状况指数的研究问题

在互联网金融背景下，面对股票价格、房地产价格和汇率等不稳定性的宏观经济问题，构建实时指数反映中国金融状况刻不容缓。为此本书的主要研究问题有：

问题一：互联网金融背景下中国金融状况指数构建指标的选择。从信息通信技术、银行间市场、货币市场化、房地产市场和股票市场等相关指标出发，构建具有鲁棒性和稀疏性的 L_p – 最小二乘支持向量回归机，成为中国 FCI 的主要构成指标。

问题二：中国时变金融状况指数的构建。设计具有实时性的在线支持向量回归机，构建中国时变 FCI，并从通货膨胀和产出视角出发验证中国时变 FCI 的有效性。

问题三：中国时变金融状况指数的预测能力研究。通过动态相关分析、格兰杰因果分析和预测能力分析，研究中国时变 FCI 与经济增长、通货膨胀之间的关系，以确定时变金融状况指数是否应该纳入中国货币政策目标规则的参考体系。

问题四：中国时变金融状况指数与货币政策规则研究。将时变金融状况指数纳入中国货币政策规则研究体系，并从利率渠道、汇率渠道和资产价格渠道视角出发，考察分析中国时变 FCI 冲击对利率、汇率、产出、通胀等宏观经济的影响。

三、金融状况指数的理论发展

为了综合测度货币政策的松紧，构造货币状况指数 MCI（Monetary Condition Index）（Eika et al.，1996），它是短期利率与汇率的加权平均值。MCI 表明总需求过度带来通货膨胀压力，而货币政策通过短期利率和汇率的杠杆效应影响总需求。巴蒂尼和特恩布尔（Batini & Turnbull，2002）采用 1984 年第 4 季度至 1999 年第 3 季度的利率和汇率数据，构建了英国的动态货币状况指数，发现该指数对通货膨胀具有指示器的作用。

但在现实中，资产价格和股票价格通过财富与资产负债效益在货币政策传导中扮演重要角色。因此，除利率与汇率之外，考虑其他资产价格作为货币政策形势的指示器是非常重要的。基于此，MCI 引入房地产价格和股票价格构建 FCI，用来反映货币政策的金融态势（Goodhart & Hofmann，2001）。

蒙塔尼奥利和纳波利塔诺（Montagnoli & Napolitano，2005）认为，随着金融自由化的发展，研究者们开始关注资产价格、货币政策和通货膨胀的关系，为此他们构建了一个美国、加拿大、欧盟和英国的 FCI，发现 FCI 作为短期指标对于货币政策的调控是有意义的。哈齐乌斯等（Hatzius et al.，2010）在研究了 2007 年美国发生的金融危机后发现，FCI 中的经济变量包含了未来经济状态走势的信息，一个理想的金融状况指数可以测量外生冲击后金融环境的变化和预测冲击后的经济活动。马西森（Matheson，2011）采用金融指标和动态因子模型构建美国和欧洲的 FCI，并发现 FCI 对经济行为具有较好的预测作用。卡斯特尔努沃（Castelnuovo，2013）采用美国季度数据，基于动态随机模型和向量自回归机研究货币政策冲击对金融状况的影响，以及金融状况冲击对货币政策的影响。

五、金融状况指数构建的研究现状

（一）国外研究现状

国外关于 FCI 的构建方法主要包括：

（1）大型宏观经济计量模型。美国高盛采用联邦储备理事会的 FRB/US 总体计量模型构建 FCI，华盛顿宏观经济顾问委员会采用华盛顿大学的总体计量模型估算 FCI 的权重，而法国银行则利用 IMF 与经济合作与发展组织的总体模型来编算 7 大工业国的 FCI，但该方法要以庞大的数据为基础而且模型处理非常复杂（Beaton，2009）。

（2）缩减总需求方程。该模型采用 IS 曲线和 Phillips 曲线，根据各变量在该方程中的系数大小及显著性程度决定 FCI 的权重（Goodhart & Hofmann，2001；Castelnuovo，2013），但该类模型假设所有解释变量均是外生，显然此假设不符合现实经济事实，从而造成估计结果与现实状况偏差较大（Gauthier et al.，2004）。

（3）因子分析法。该方法通过因子分析得到各金融指标的参数，采用时变因子模型构建美国 FCI（Hatzius et al.，2010；Brave & Butters，2011；Matheson，2012），并研究 FCI 与产出缺口、通胀和实际短期利率的宏观经济关系，但该分析法不能完全提取各指标信息，造成部分有效信息的丢失。

（二）国内研究现状

相对于国外，国内研究起步较晚，FCI 构造方法主要包括：

（1）向量自回归机（Vector Autoregression，VAR）。国内学者王玉宝（2005）首次采用 VAR 模型构建中国金融状况指数，封北麟等（2006）、陆军等（2011）相继采用 VAR 模型构建 FCI，均发现 FCI 对中国通货膨胀具有良好的预测能力。

（2）缩减总需求方程。李建军（2008）、肖奎喜和徐世长（2011）等在总需求方程基础上构建 FCI，并认为 FCI 可以作为中国货币政策的辅助参照指标，而王宏涛和张鸿（2011）却发现 FCI 与短期利率正相关关系不够显著，货币政策不应该直接对资产价格作出反应。

（3）主成分分析和因子分析法。袁靖、薛伟（2011）采用主成分分析和因子分析构建 FCI，并发现中国货币政策资产负债表传导渠道及信贷传导渠道不通畅。

（4）向量误差修正模型（Vector Error Correction Model，VECM）。戴国强和张建军（2009）采用 VECM 模型构建 FCI，并认为中国目前暂不能将资产价格作为货币政策的实际操作指标。

（5）广义脉冲响应函数（Generalized Impulse-response Function，GIRF）。封思贤和蒋伏心等（2012）采用 GIRF 模型测算中国 FCI，认为 FCI 对中国通货膨胀具有预测能力。

（6）支持向量回归机（Support Vector Regression，SVR）。王等（2012）采用 SVR 构建 FCI，认为 FCI 对中国通货膨胀具有预测能力。

（三）简要述评

国内 FCI 构造方法正在不断发展，也存在一些不足：（1）FCI 构建指标方面，国内文献缺少如何定量选取有效的指标构建 FCI；（2）参数的固定性，构建 FCI 的变量权重固定不变，不能反映金融结构的时变效应。支持向量回归机（Support Vector Regression，SVR）恰恰能克服这些不足，具有稀疏性的 SVR

能选取重要特征，能够有效选取金融指标构建 FCI，并且在线 SVR 具有实时更新的性质，可设计时变 FCI 反映经济结构和金融结构的变化。SVR 是支持向量机（Support Vector Machine，SVM）（Vapnik，1995）的重要组成部分，已成功应用于股票预测、生物信息、医疗诊断等领域。SVM 是建立在统计学习理论（Statistical Learning Theory，SLT）基础上的数据挖掘方法，能解决小样本、维数灾难、过拟合等问题。

笔者曾设计 ε 小波核双子支持向量回归机（ε－wavelet Twin Support Vector Regression，ε－TSVR）较好地预测中国通货膨胀，并设计 L_1－ε－双子支持向量回归机（L_1－ε－Twin Support Vector Regression，L_1－ε－TSVR）对影响中国通胀的因素进行特征选择进而讨论中国通胀的类型，并试图设计 L_p－模支持向量回归机（L_p－Support Vector Regression，L_p－SVR）（$0<p<1$）讨论中国房地产价格的主要影响因素和金融状况指数构建的指标选取问题。基于此，在互联网金融背景下，本书拓展包含信息科学技术（谢平，2012；戴国强和方鹏飞，2014）、银行间市场、货币市场、房地产市场和股票市场等相关指标，结合“支持向量”“最大间隔”思想和“结构风险极小化”原则，设计解更具有稀疏性的 L_p－模最小二乘支持向量回归机（L_p－Norm Least Squares Support Vector Regression，L_p－LSSVR）（$0<p<1$）选择 FCI 的构建指标，进一步设计在线加权支持向量回归机（Online－Weighted Support Vector Regression，OL－WSVR）构建中国时变 FCI，并验证其预测能力，最后从社会福利损失视角出发，实证分析 FCI 是否纳入货币政策规则体系，进一步讨论 FCI 冲击对产出、通胀和利率的影响。

第二节　中国金融状况指数的研究方案

一、金融状况指数的研究思路

本章将首次采用国际最前沿数据挖掘技术支持向量回归机，构建互联网金融背景下的中国时变金融状况指数，并将其应用到宏观经济领域，其研究技术路线如图 4－1 所示。基于支持向量机结构风险极小化原则和“最大间隔”思想，利用光滑技术和对称线性互补规划等优化策略，设计各类非平行支持向量回归机，并采用十折交叉验证技术和LOO验证技术对其参数进行选择。

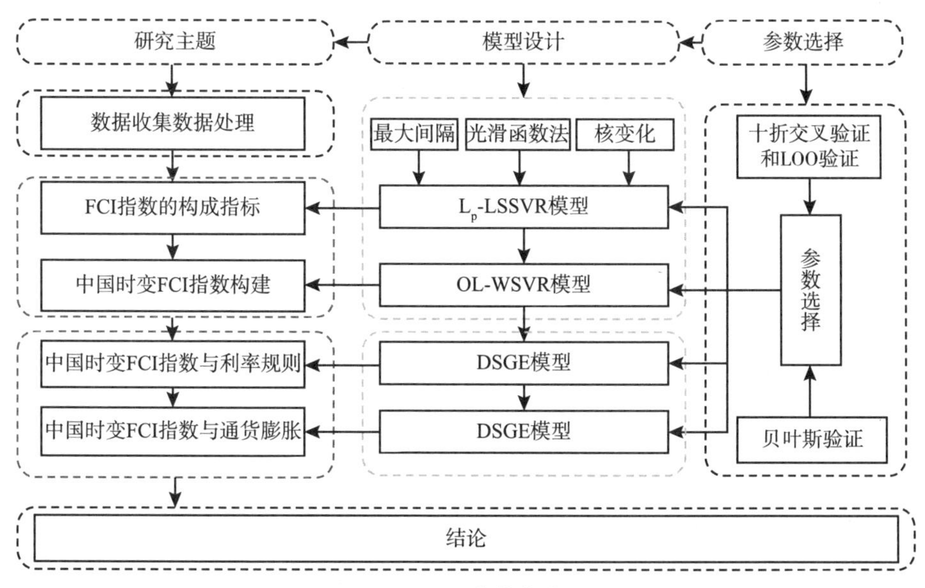

图4-1　研究技术路线

二、金融状况指数的研究内容

（一）中国金融状况指数的指标选择

从信息通信技术、银行间市场、货币市场化、房地产市场和股票市场等具体指标出发，如：移动电话、互联网及电话普及率、信托存款余额、房地产销售价格指数、上证股票价格指数、货币供应量M2、同业银行间拆借7天利率、汇率等50个指标，构建L_p-最小二乘支持向量回归机，在使用人工数据（Artificial datasets）和UCI（University of California Irvine）数据验证模型稀疏性和鲁棒性基础上，讨论FCI的指标选择问题。

（二）中国时变金融状况指数的构建

设计在线加权支持向量回归机，在使用带噪声 sin(x)/x 函数和 UCI 数据检验模型有效性和鲁棒性基础上，进而采用在线加权支持向量回归机构建中国时变 FCI，并从通货膨胀和产出视角出发，验证时变 FCI 的有效性。

（三）中国时变金融状况指数的预测能力研究

首先从动态相关系数分析中国时变 FCI 与 GDP 增长率和通货膨胀率的相关性；其次，通过格兰杰因果检验中国时变 FCI 与 GDP 增长率和通货膨胀率的因果关系；最后，采用自回归模型分析中国时变 FCI 对 GDP 增长率和通货膨胀率的预测能力。

（四）中国时变金融状况指数与货币政策规则研究

设计开放经济条件下的时变随机一般均衡模型（Dynamic Stochastic General Equilibrium，DSGE），从社会福利损失新视角出发，通过比较纳入和不纳入时变 FCI 的货币政策规则下社会福利损失值的大小，实证分析中国货币政策规则是否应该纳入 FCI，进而从信贷渠道、利率渠道、汇率渠道和资产价格渠道视角出发，采用蒙特卡罗马尔可夫链（MCMC）模拟技术，考察分析 FCI 冲击对利率、汇率、产出、通胀等宏观经济的影响。

三、金融状况指数的研究方法

结合上述研究内容，具体模型设计的方法和过程为：

（1）设计 L_p - SVR 模型选择 FCI 的构成指标。SVR 模型中 L_2 范数距离的残差对误差非常敏感影响模型的稳健性，因而采用求解更具稀疏性的 L_p 范数（$0<p<1$）距离线性规划代替原模型的二次规划而增加其稳健性，形成 L_p - LSSVR 模型，其优化问题则变为：$\min\limits_{w,b,\zeta}\|w\|^p+|b|^p+Ce^T\xi$。FCI 构成指标选取的技术路线概括如图 4-2 所示。

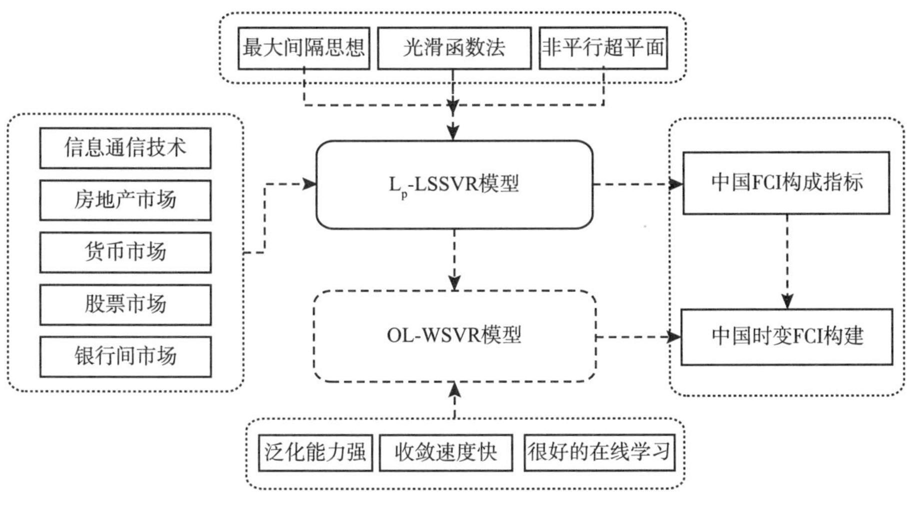

图 4－2　中国时变 FCI 构建路线

（2）设计 OL－WSVR 模型构建中国时变 FCI。OL－WSVR 模型具有较强的泛化能力、较快的收敛速度和很好的在线学习等优点，能够满足中国 FCI 构造的时变要求，其优化问题为：$\min\limits_{w_1,b_1,\xi,\xi^*}\frac{1}{2}c_3(w_1^Tw_1+b_1^2)+\frac{1}{2}\xi^{*T}\xi^*+c_1e^T\xi$。中国时变 FCI 构建的技术路线概括如图 4－3 所示。

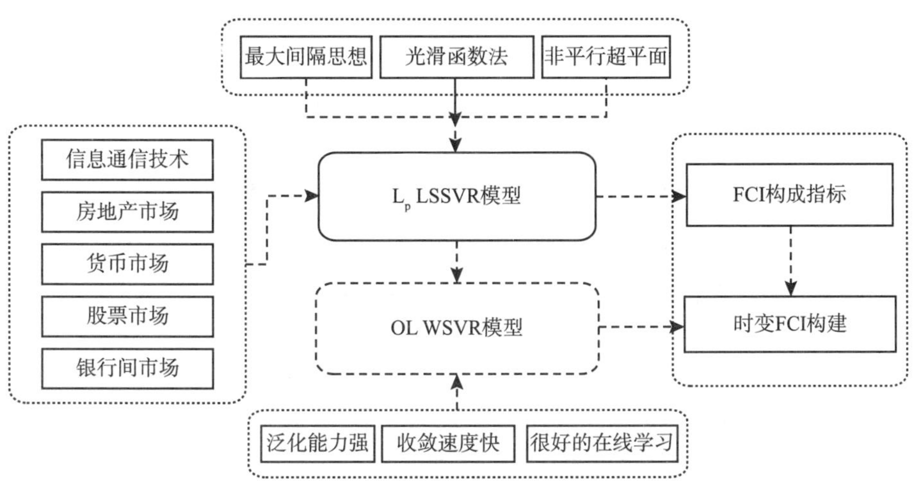

图 4－3　中国时变 FCI 构建路线

（3）从预测能力分析时变 FCI 的应用，以确定时变金融状况指数是否应该纳入我国货币政策目标规则的参考体系，为后续时变 FCI 在利率规则中的应用研究奠定基础。通过跨期相关系数、格兰杰因果检验和 AR 模型分析时变 FCI 对产出增长率和通货膨胀率的预测能力。

（4）采用开放经济条件下的 DSGE 模型，从社会福利损失新视角出发，考察中国时变 FCI 与利率、通货膨胀和产出的关系。含有 FCI 的利率规则为：$r_t=\rho_r r_{t-1}+(1-\rho_r)[\psi_1\pi_t+\psi_2\bar{y}_t+\psi_3\Delta e_t+\psi_4 FCI]+\varepsilon_t^r$，社会福利损失函数为：$\min_{i_t} E_0\left\{\sum_{t=0}^{+\infty}\beta^t[\pi_t^2+\mu_1 y_t^2+\mu_2(i_t-\pi_t)^2]\right\}$。中国时变 FCI 与货币政策规则研究的技术路线概括如图 4－4 所示。

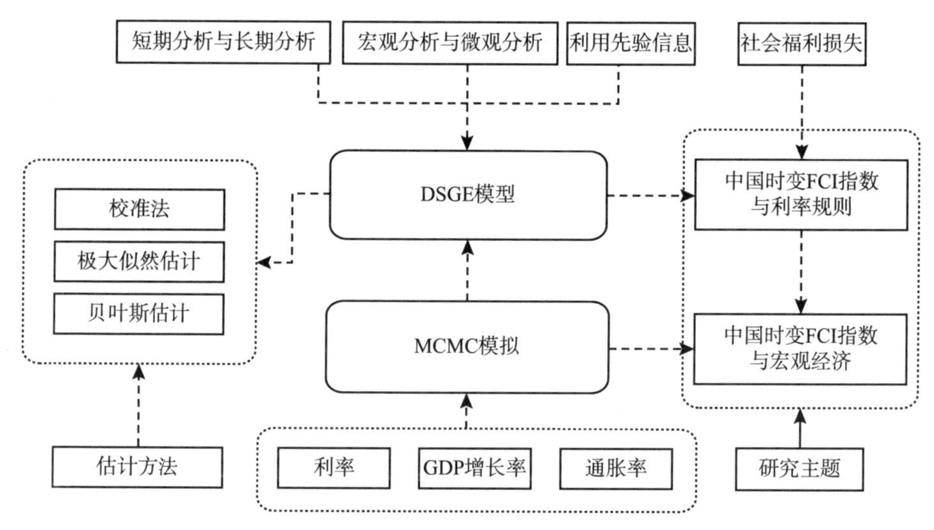

图 4－4　中国时变 FCI 与货币政策规则研究路线

四、金融状况指数拟解决的关键问题

根据上述的具体研究问题，拟解决的关键问题如下：

（1）中国金融状况指数构建指标的选取研究，关键问题是 L_p－LSSVR 模型的设计、模型稀疏性和鲁棒性的验证及模型 FCI 指标选取中参数的选取；

（2）中国时变金融状况指数的构建研究，关键问题是 OL－SVR 模型的设计、模型时变性和鲁棒性的验证及时变 FCI 有效性的验证；

（3）中国时变金融状况指数与货币政策规则研究，关键问题是 FCI 纳入货币政策规则体系的理论依据及 DSGE 模型的设计。

第五章

中国时变金融状况指数的构建

第一节　金融状况指数的研究现状

“余额宝”、阿里控股天弘基金、“理财通”、“抢红包”等互联网金融创新实践活动，表明源于大数据、云计算、移动互联等技术上的互联网金融在快速发展。那么，在互联网金融背景下，如何选择合理的金融指标来构建中国金融状况指数用来反映未来经济形势尤为重要。FCI 由 MCI 发展而来，古德哈特和霍夫曼（Goodhart & Hofmann，2001）对 MCI 指数进行扩展，构建包含利率、汇率和资产价格等信息的 FCI 反映金融市场状况，从而提高了未来宏观经济的预测能力。

目前，国外学者关于构建 FCI 所包含的金融指标尚未有定论，大多选择短期利率、长期利率、风险溢价、股票和汇率等金融指标：（1）罗森伯格（Rosenberg，2009）构建了包含货币市场、债券市场和股票市场等 10 个金融指标的 Bloomberg FCI 指数；（2）安东尼奥（Antonio，2008）构建了包含货币供应量、股票价值、商业票据抵押率、汇率、能源价格和长短期利差的 Citi FCI 指数；（3）胡珀等（Hooper et al. ，2010）构建了包含汇率、联储利率、债券价值、股票价格、房地产市场等 7 个指标的 Deutsche Bank FCI 指数；（4）堪萨斯城联邦储备银行的 FCI 指数主要包含金融指标涉及的各种收益率差价和资产价格等 11 个指标；（5）麦克雷经济顾问的 FCI 指数包含短期利率、长期利率、债券收益率、实际汇率和实际股票价值 5 个金融指标；（6）OECD FCI 指数主要包含名义利率、实际短期利率、贷款额和股票价值等 6 个金融指标。

国内学者在中国 FCI 构建选取的金融指标主要有：王玉宝（2005）和陆军等（2011）选取 GDP、通货膨胀、房地产价格、汇率、利率和股票等金融指标，构建中国 FCI 指数；封北麟和王贵民（2006）构建包括实际短期利率、实际有效汇率指数、实际房地产价格指数、实际股票价格指数收益率与实际货币供应量的中国 FCI 指数；戴国强和张建军（2009）采用通货膨胀率、汇率指数、房产价格指数、利率价格指数、电力价格指数和股票价格指数等指标，构建中国 FCI 指数，而袁靖、薛伟（2011）采用存贷款、债券、货币供应量、银行间同业拆借利率、银行间市场债券回购利率等 40 个金融指标构建中国 FCI 指数。

由此可见，国内外学者在构建 FCI 指数时所选取的金融指标具有较大差异性，而如何有效选取金融指标构建 FCI 指数方面做出定量研究的文献甚少，具有稀疏性质的支持向量回归机恰恰能作为特征选择，具有选择重要指标的功能（Tan et al.，2010）。本章试图在互联网金融背景下，采用具有较好稀疏性质的支持向量回归机模型，对包括信息通信技术（谢平等，2012；戴国强和刘鹏飞，2014）、银行间市场、货币市场、股票市场和基金市场等 29 个金融指标进行选择，在此基础上进而采用主成分分析法（Hatziu et al.，2010）构建中国 FCI，并通过预测能力验证其有效性。

第二节　中国金融状况指数的指标选择

一、数据的选取

基于数据的可获取性和完整性的考虑，本章选取 2003 年 1 月至 2013 年 6

月的数据为原始样本，样本容量为125，包括信息通信技术、银行间市场、货币市场、股票市场和基金市场等29个金融指标，关于指标的具体名称、指标来源和数据处理如表5－1所示。

表5－1 金融指标

金融指标	处理方法	数据来源	金融指标	处理方法	数据来源
固定电话用户	2	国家统计数据库	移动电话用户	2	国家统计数据库
银行间市场债券回购利率：7天	1	中国人民银行	银行间市场债券回购利率：14天	1	中国人民银行
银行间市场债券回购利率：1个月	1	中国人民银行	银行间市场债券回购利率：3个月	1	中国人民银行
银行间市场债券回购利率：6个月	1	中国人民银行	银行间拆借利率：7天	1	中国人民银行
银行间拆借利率：30天	1	中国人民银行	银行间拆借利率：60天	1	中国人民银行
银行间拆借利率：90天	1	中国人民银行	银行间拆借利率：120天	1	中国人民银行
企业商品价格指数	2	中国人民银行	股票市场成交额	3	中国人民银行
居民消费价格指数	2	国家统计数据库	股票市场成交量	3	中国人民银行
企业存款	3	中国人民银行	上证最高股价指数	3	中国人民银行
信托存款	3	中国人民银行	M_0	3	中国人民银行
金融债券	3	中国人民银行	M_1	3	中国人民银行
短期贷款	3	中国人民银行	M_2	3	中国人民银行
中长期贷款	3	中国人民银行	汇率	2	中国人民银行
债券	3	中国人民银行	Wind基金指数	3	Wind资讯
中证基金指数	3	中证指数公司	证券投资基金成交金额	3	中国证监会

注：数据处理的栏目中，“1”表示原始数据，“2”表示一阶差分，“3”表示取代数后一阶差分。

资料来源：中国人民银行网址：http：//www.pbc.gov.cn/，国家统计数据库网址：http：//219.235.129.58/reportMonthQuery.do。

二、L_p-LSSVR 模型的特征选择

将上述处理后的 29 个金融指标作为训练样本 A，因变量 Y 为通货膨胀，其由居民消费价格指数来表示，输入算法 2 做特征选择。当参数 $p=0.8$，$C=2^{-4}$和 $\delta=10^{-5}$时，被选择的特征结果见表 5-2。可知被选取的金融指标主要涵盖信息通信技术、货币供应量、汇率、利率、债券、股票、信托和基金等方面，表明 L_p-LSSVR 模型的特征选择结果包括的范围比较广泛，比较全面。

表 5-2　L_p-LSSVR 的自适应特征选择

被选金融指标	w_i^*	L_i	被选金融指标	w_i^*	L_i
移动电话用户	0.2288	0	债券	0.0001	0.0001
企业商品价格指数	0.001	0.0001	M_0	0.0009	0
企业存款	0.0002	0	M_1	0.0001	0
信托存款	-0.0084	0	M_2	0.0001	0.0001
金融债券	-0.0170	0	汇率	-0.0118	0
上证最高股价指数	0.0002	0	中证基金指数	0.0003	0
股票市场成交额	-0.001	0	Wind 基金指数	0.0013	0
银行间市场债券回购利率：6 个月	0.0002	0.0001	证券投资基金成交金额	0.0379	0
中长期贷款	0.0002	0.0001			

三、结论

在互联网金融背景下，本章试图采用 L_p-模最小二乘支持向量回归机选

择构建中国 FCI 的金融指标，以通货膨胀为因变量对包括信息通信技术、银行间市场、货币市场、股票市场和基金市场等 29 个金融指标进行特征选择，最终选取 17 个主要金融指标用于构建中国金融状况指数。

第三节 构建中国时变金融状况指数

一、数据的选取

基于数据的可获取性和完整性的考虑，本章首先选取 2003 年 1 月至 2013 年 6 月的数据为原始样本，样本容量为 125，包括信息通信技术、银行间市场、货币市场、股票市场和基金市场等 29 个指标，采用 L_p – LSSVR 模型对上述指标进行特征选择，当参数 $p = 0.8$，$C = 2^{-4}$和 $\delta = 10^{-5}$时，选择 17 个重要金融指标，具体如表 5 – 3 所示。

表 5 – 3　　被选择的指标

金融指标	处理方法	数据来源
移动电话用户	2	国家统计数据库
企业商品价格指数	2	中国人民银行
企业存款	3	中国人民银行
信托存款	3	中国人民银行
金融债券	3	中国人民银行
上证最高股价指数	3	中国人民银行
股票市场成交额	3	中国人民银行
银行间市场债券回购利率：6 个月	1	中国人民银行
中长期贷款	3	中国人民银行
债券	3	中国人民银行
M_0	3	中国人民银行

续表

金融指标	处理方法	数据来源
M_1	3	中国人民银行
M_2	3	中国人民银行
汇率	2	中国人民银行
中证基金指数	3	中证指数公司
Wind 基金指数	3	Wind 资讯
证券投资基金成交金额	3	中国证监会

注：数据处理的栏目中，“1” 表示原始数据，“2” 表示一阶差分，“3” 表示取代数后一阶差分。中国人民银行网址：http：//www. pbc. gov. cn/，国家统计数据库网址：http：//219. 235. 129. 58/reportMonthQuery. do。

二、静态金融状况指数的构建

参照哈齐乌斯（Hatzius et al.，2010）、布雷夫和巴特斯（Brave & Butters，2011）、马西森（Matheson，2012）和袁靖、薛伟（2011）等文献，采用主成分方法构建静态中国金融状况指数，估计方程为：

$$\tilde{x}_i = B_i Y + \nu_i \tag{5-1}$$

$$\nu_i = \lambda_i' F + u_i \tag{5-2}$$

其中，$\tilde{x}_i$ 表示第 i 个被选择的金融指标，Y 为通货膨胀，F 为被选金融指标构成的主成分，λ_i'与对应金融指标在 FCI 所占的比重成正比（Hatzius et al.，2010）。此处，首先对被选择金融指标进行标准化，然后采用 EViews 6.0 软件对模型（5-1）进行回归，其结果如表 5-4。

表 5-4　　模型（5-2）的估计结果

金融指标	B_i	估计值	T 统计量值	P 值
移动电话用户	B_1	0.4958	3.6899	0.0003
企业商品价格指数	B_2	0.5245	6.4484	0.0000
企业存款	B_3	0.2478	1.4283	0.1557
信托存款	B_4	-0.9704	-0.5832	0.5608

续表

金融指标	B_i	估计值	T统计量值	P值
金融债券	B_5	-0.3593	-0.4876	0.6267
上证最高股价指数	B_6	0.2717	0.8969	0.3715
股票市场成交额	B_7	-0.3617	-0.1502	0.8809
银行间市场债券回购利率：6个月	B_8	0.1008	0.9743	0.3318
中长期贷款	B_9	0.3125	4.1031	0.0001
债券	B_{10}	0.1928	1.9884	0.0490
M_0	B_{11}	0.5808	2.0474	0.0427
M_1	B_{12}	0.2016	2.0409	0.0434
M_2	B_{13}	0.2359	3.3517	0.0011
汇率	B_{14}	-0.8011	-2.4387	0.0162
中证基金指数	B_{15}	0.4045	1.9286	0.0561
Wind基金指数	B_{16}	0.6298	2.4015	0.0178
证券投资基金成交金额	B_{17}	-0.7130	-0.3517	0.7256

由表5-4可知，在显著性水平为5%的条件下，企业存款、信托存款、金融债券、上证最高股价指数、股票市场成交额、银行间市场债券回购利率、中证基金指数和证券投资基金成交金额对应的B_3，B_4，B_5，B_6，B_7，B_8，B_{15}和B_{17}没有通过T统计量检验，认为通货膨胀对其没有显著影响，给予剔除该8个金融指标。此外，模型（5-2）回归结果的各项残差作为ν_i的估计量$\hat{\nu}_i$。

在模型（5-2）的参数估计时，首先对选中金融指标序列进行主成分分析，并将提取的主成分作为F的估计量，进而对模型（5-2）中的参数λ_i'进行估计，最后给出FCI指数。采用SPSS 17.0软件对选中的9项金融指标序列进行主成分分析，发现统计量Kaiser-Meyer-Olkin的值为0.616，Bartlett的球形度检验P值为0，由此表明被选9项金融指标序列适合做主成分分析，提取的3个主成分f_1，f_2和f_3，并根据相应方差设置权重，最终合成得到F的估计量$\hat{F}$，模型（5-2）回归估计结果如表5-5所示，在5%的显著性水平下，各方程参数都通过了T检验。F的估计量$\hat{F}$即为FCI，具体如图5-1所示，纵坐标上的零表示金融状况松紧适度的均衡状态，零以上表示金融宽松状态，而零以下表示金融紧缩状态。由此可见，近十年来，中国金融状况总体处于宽松状态，2008 年世界金融危机对其有冲击，但一年后这种冲击逐渐消除。

表 5-5 模型（5-2）的估计结果

金融指标	λ'_i	估计值	T 统计量值	P 值
移动电话用户	λ'_1	0.8883	20.3153	0.0000
企业商品价格指数	λ'_2	0.2161	4.1924	0.0001
中长期贷款	λ'_9	0.5145	22.4648	0.0000
债券	λ'_{10}	0.5588	13.1909	0.0000
M_0	λ'_{11}	0.6737	3.6960	0.0003
M_1	λ'_{12}	0.4586	8.7011	0.0000
M_2	λ'_{13}	0.4578	18.9716	0.0000
汇率	λ'_{14}	0.7595	4.6326	0.0000
Wind 基金指数	λ'_{16}	-1.2744	-6.6820	0.0000

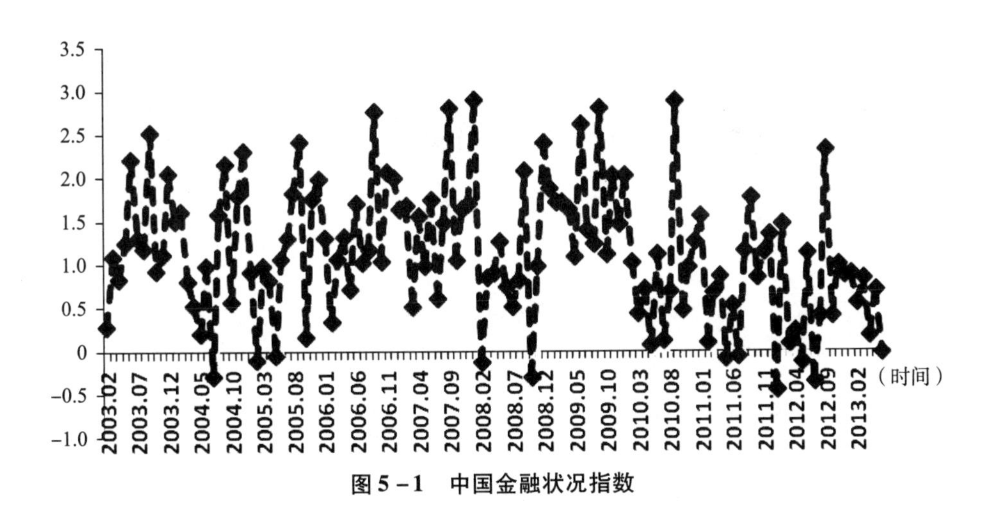

图 5-1 中国金融状况指数

三、中国时变金融状况指数的构建

FCI 指数构建方法大致可以分为两大类：权重和方法和主成分方法。本章将采用权重和方法来构建中国时变 FCI，估计的方程为：

$$FCI_t = \sum_{i=1}^{n_1} w_i(q_{it} - \bar{q}_{it}) \tag{5-3}$$

其中，q_{it}为 t 时刻第 i 个指标的名义值，$\bar{q}_{it}$为 t 时刻第 i 个指标的长期趋势值，n_1 为被选择指标的个数，w_{it}表示第 i 个指标的权重，且 $\sum_{i=1}^{n} |w_{it}| = 1$ 。

根据模型 AOSVR，被选择的 17 个指标作为训练样本 A，因变量 Y 为通货膨胀，其由居民消费价格指数来表示。模型 AOSVR 中参数 C 取值于集合 $\{2^i | i = -8, -7, \cdots, 7, 8\}$，参数 ε 取值范围为 0.01 ~ 0.1。采用十折交叉验证选择最优参数，最终选取最优参数 C 为 2^8，ε 为 0.1，最终构建的时变金融状况指数见图 5 - 2。由此可见，近十年来中国金融状况总体较宽松，2008 年世界金融危机对总体金融冲击作用较大。

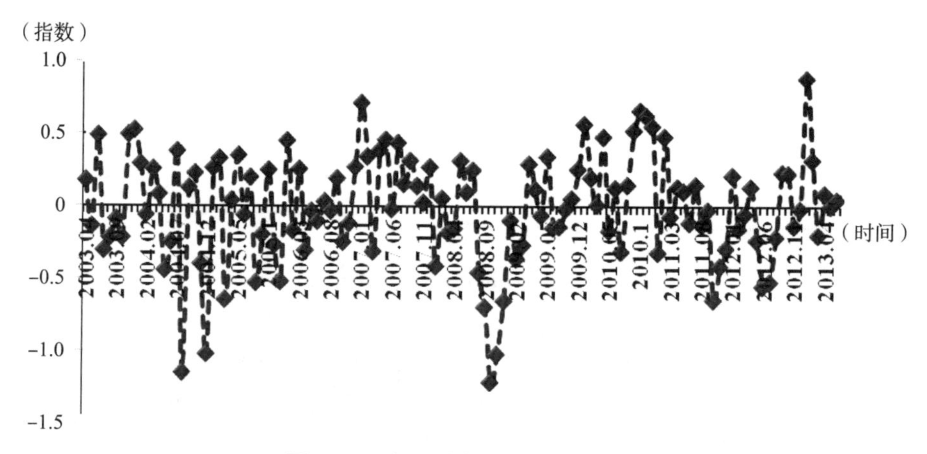

图 5 - 2　中国时变金融状况指数

四、中国时变金融状况指数的特点

构建时变金融状况指数各金融指标的时变权重，能够反映各金融指标对金融状况指数构成的实时变化，从而克服传统构造方法权重的不变性。图 5 - 3 给出构建中国时变金融状况指数各金融指标的时变权重，图中横坐标表示时间，纵坐标表示权重的大小，正值表示正向关系，负值表示负向关系，数值越接近 1，表示相关性越高，表 5 - 6 为各金融指标时变权重对应的简单统计性质。

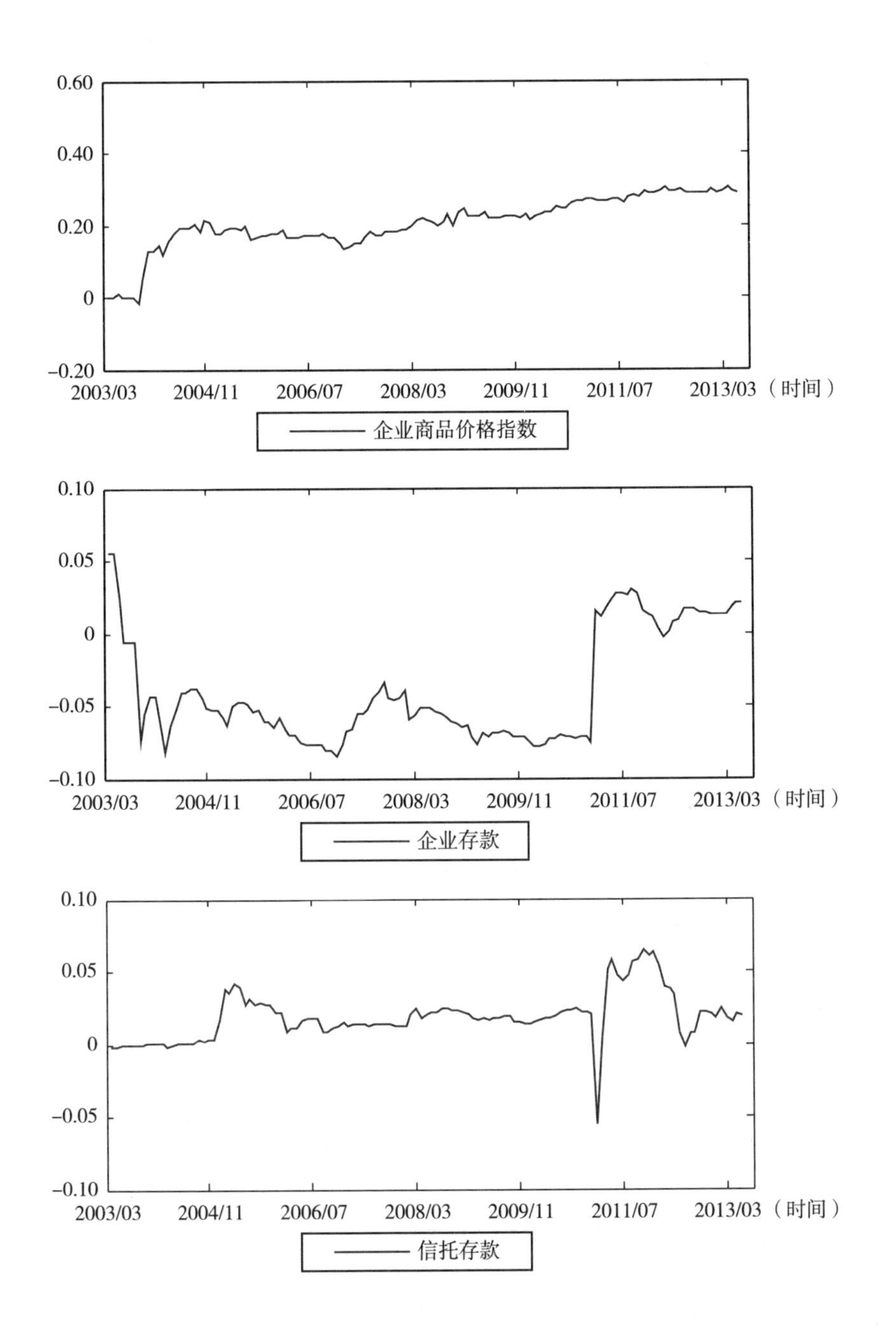
0.60
0.40
0.20
0
−0.20
2003/03
2004/11
2006/07
2008/03
2009/11
2011/07
2013/03（时间）
企业商品价格指数
0.10
0.05
0
−0.05
−0.10
2003/03
2004/11
2006/07
2008/03
2009/11
2011/07
2013/03（时间）
企业存款
0.10
0.05
0
−0.05
−0.10
2003/03
2004/11
2006/07
2008/03
2009/11
2011/07
2013/03（时间）
信托存款

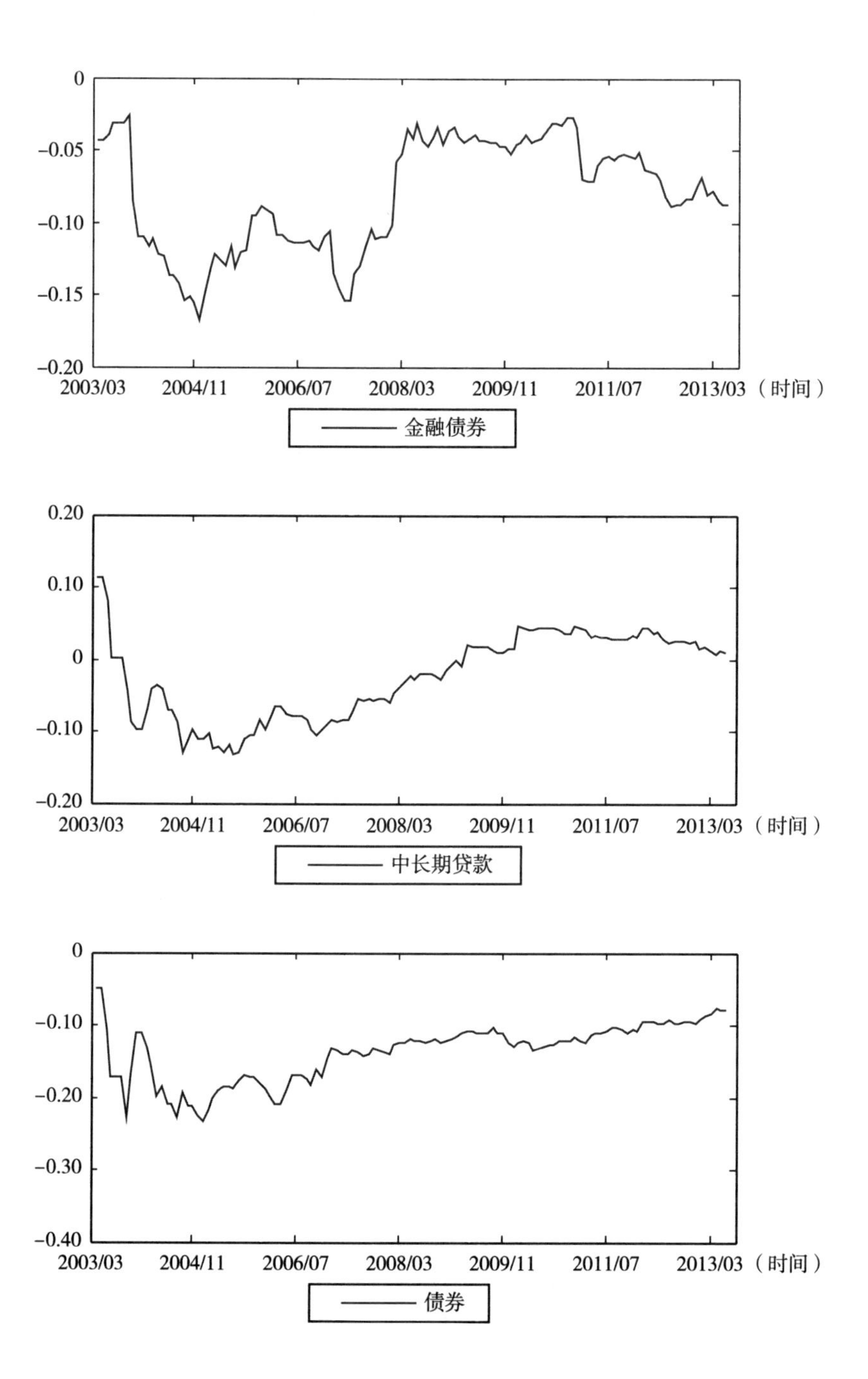
0
-0.05
-0.10
-0.15
-0.20
2003/03
2004/11
2006/07
2008/03
2009/11
2011/07
2013/03
（时间）
金融债券
0.20
0.10
0
-0.10
-0.20
2003/03
2004/11
2006/07
2008/03
2009/11
2011/07
2013/03
（时间）
中长期贷款
0
-0.10
-0.20
-0.30
-0.40
2003/03
2004/11
2006/07
2008/03
2009/11
2011/07
2013/03
（时间）
债券

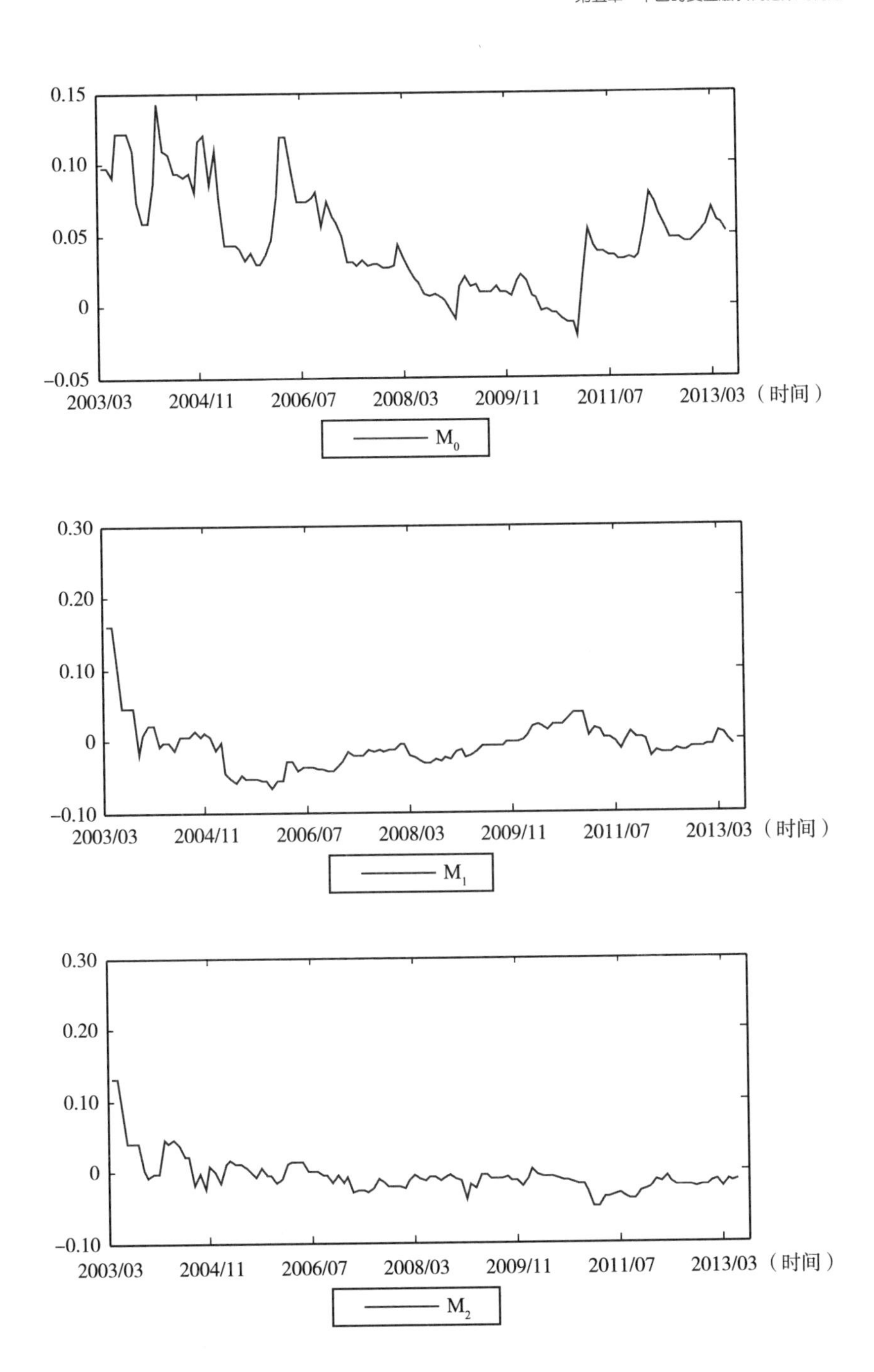
0.15
0.10
0.05
0
−0.05
2003/03
2004/11
2006/07
2008/03
2009/11
2011/07
2013/03（时间）
M0
0.30
0.20
0.10
0
−0.10
2003/03
2004/11
2006/07
2008/03
2009/11
2011/07
2013/03（时间）
M1
0.30
0.20
0.10
0
−0.10
2003/03
2004/11
2006/07
2008/03
2009/11
2011/07
2013/03（时间）
M2

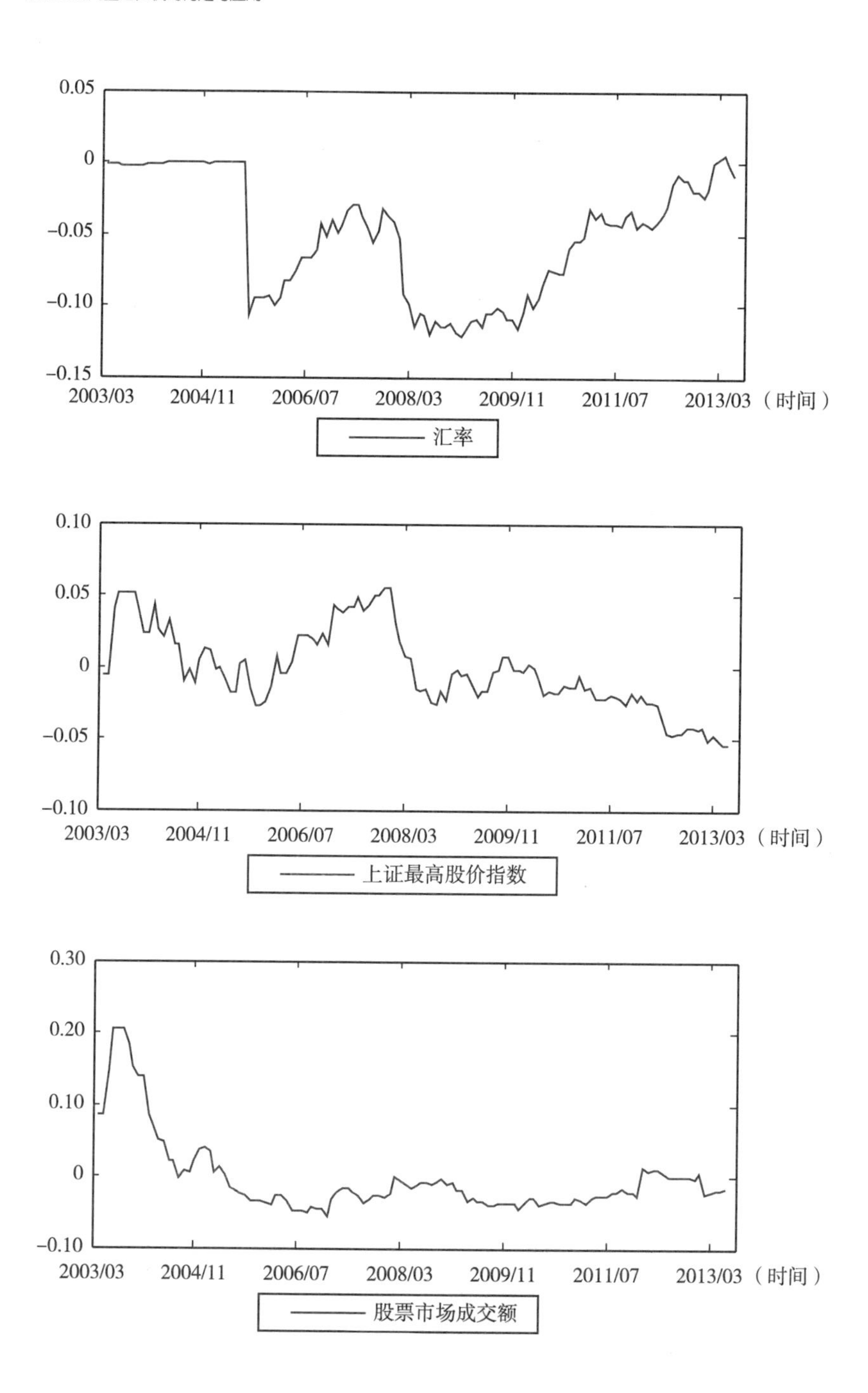
0.05
0
−0.05
−0.10
−0.15
2003/03
2004/11
2006/07
2008/03
2009/11
2011/07
2013/03（时间）
汇率
0.10
0.05
0
−0.05
−0.10
2003/03
2004/11
2006/07
2008/03
2009/11
2011/07
2013/03（时间）
上证最高股价指数
0.30
0.20
0.10
0
−0.10
2003/03
2004/11
2006/07
2008/03
2009/11
2011/07
2013/03（时间）
股票市场成交额

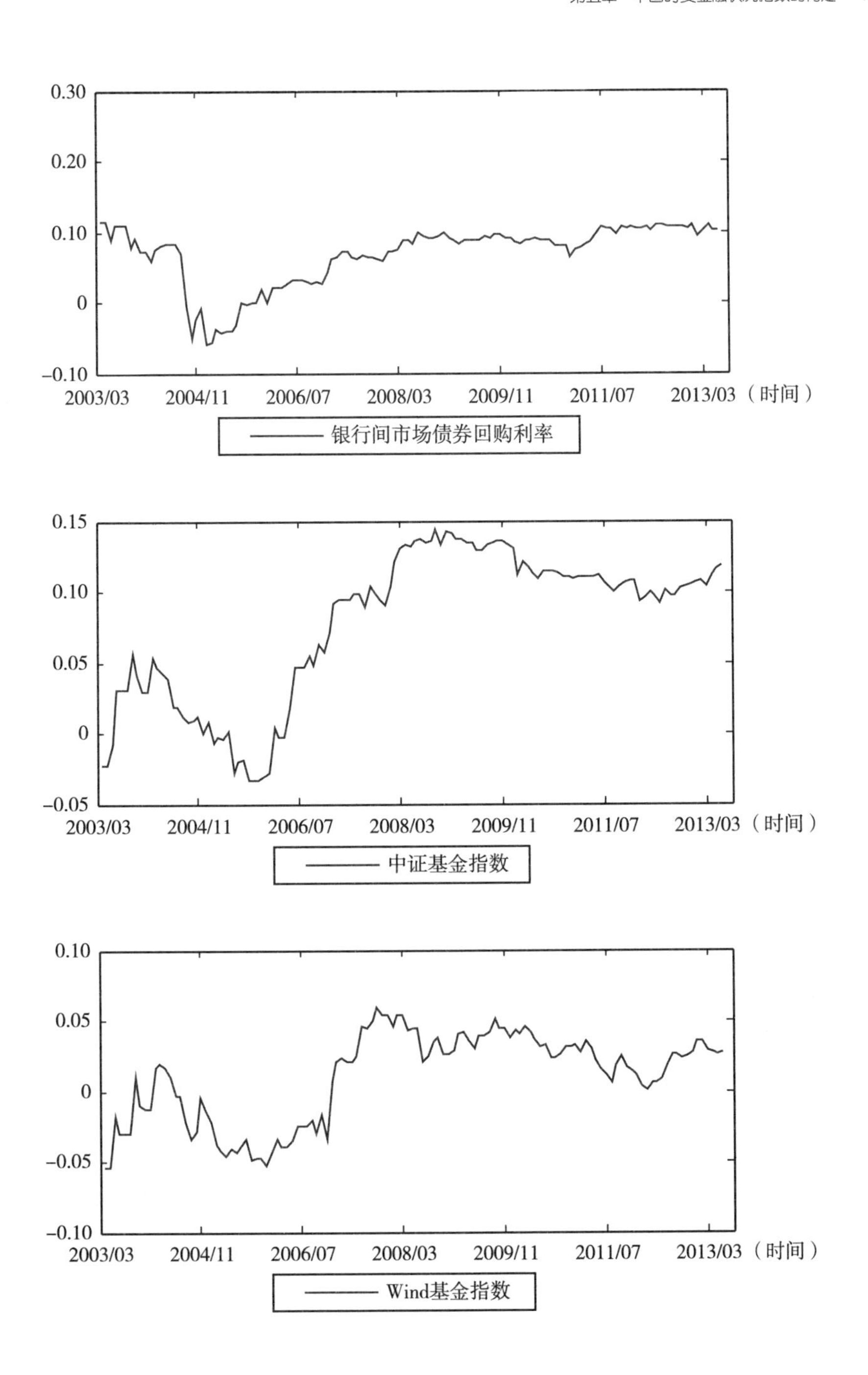
0.30
0.20
0.10
0
−0.10
2003/03
2004/11
2006/07
2008/03
2009/11
2011/07
2013/03（时间）
银行间市场债券回购利率
0.15
0.10
0.05
0
−0.05
2003/03
2004/11
2006/07
2008/03
2009/11
2011/07
2013/03（时间）
中证基金指数
0.10
0.05
0
−0.05
−0.10
2003/03
2004/11
2006/07
2008/03
2009/11
2011/07
2013/03（时间）
Wind基金指数

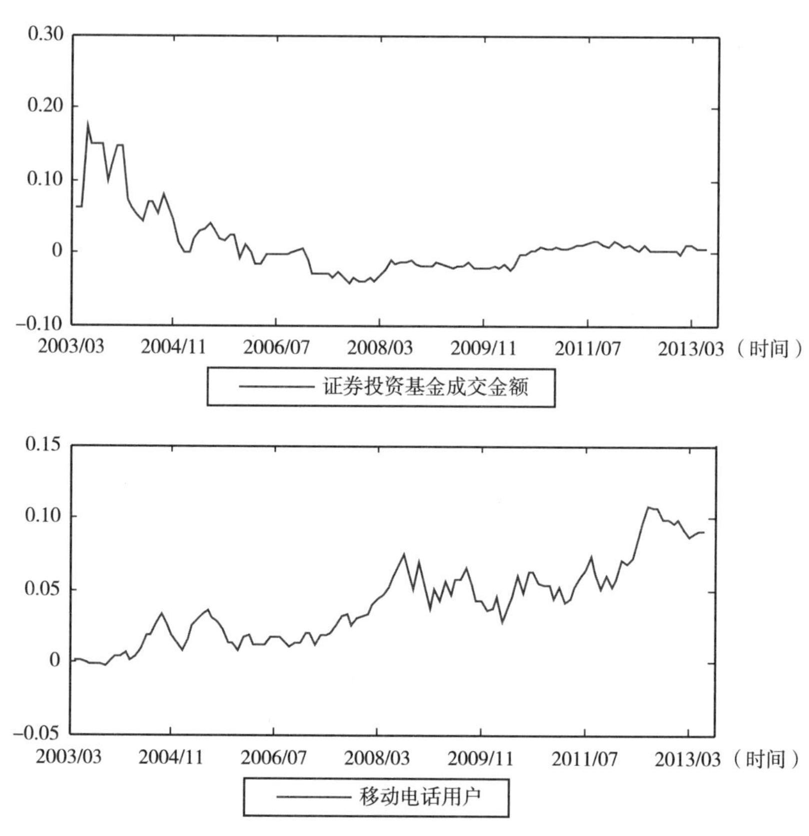

图 5－3　各金融指标的时变权重

表 5－6　　各金融指标的权重统计性质

金融指标	均值	方差	中位数
企业商品价格指数	0. 2037	0. 0709	0. 2084
企业存款	－0. 0395	0. 0375	－0. 0529
信托存款	0. 0186	0. 0176	0. 0165
金融债券	－0. 0808	0. 0387	－0. 0779
中长期贷款	－0. 0243	0. 0595	－0. 0190
债券	－0. 1378	0. 0407	－0. 1251
M_0	0. 0467	0. 0364	0. 0407

续表

金融指标	均值	方差	中位数
M_1	-0.0076	0.0336	-0.0102
M_2	-0.0068	0.0267	-0.0115
汇率	-0.0503	0.0415	-0.0429
上证最高股价指数	-0.0019	0.0281	-0.0054
股票市场成交额	-0.0027	0.0543	-0.0204
银行间市场债券回购利率：6个月	0.0675	0.0433	0.0830
中证基金指数	0.0768	0.0531	0.0997
Wind基金指数：封闭式基金价格指数	0.0099	0.0315	0.0212
证券投资基金成交金额	0.0111	0.0433	0.0031
移动电话用户	0.0407	0.0284	0.0378

由此可见，企业商品价格指数、M_0、中证基金指数和移动电话用户数的权重为正，对金融状况处于宽松状态有正的推动作用，尤其中证基金指数和移动电话用户数的推动作用越来越大，表明基金和互联网金融在整体金融中所处的地位越来越重要；上证最高股价指数权重由2008年3月前的正变为负，这是股票市场的牛市和熊市变化的客观反映；金融债券和债券的权重为负，表明债券的持有减少货币的流动性，对金融状况有缩紧的作用。

第六章

中国时变金融状况指数的预测能力

第一节　金融状况指数与通货膨胀

“保持货币币值的稳定，并以此促进经济增长”是中央银行货币政策的最终目标。因此，构建中国金融状况指数，对 GDP 增长和通货膨胀情况进行预测。对此，国内学者已有研究。陆军和梁静瑜（2007）构建中国金融状况指数，通过 FCI 对 GDP 增长率及 CPI 预测能力的检验发现，在样本期内 FCI 与 GDP 增长率走势吻合，且 FCI 对 CPI 有较强的预测能力。陆军等（2011）采用递归广义脉冲响应函数构建中国动态金融状况指数，研究发现动态指数对未来一个季度的 GDP 增长率和通胀率都具有较好的预测能力。封北麟和王贵民（2006）运用 VAR 模型构建的中国金融状况指数，结果表明 FCI 对通货膨胀率具有良好的预测能力。戴国强和张建军（2009）利用 VECM 模型构建中国金融状况指数，并对我国通货膨胀进行预测检验，发现包含资产价格信息的金融状况指数能够在当期金融市场频繁波动、资产价格急剧变化的市场条件下，对通货膨胀做出及时、有效的预测。

基于上述已有研究，本章主要通过动态相关分析、格兰杰因果分析和预测能力分析，研究中国时变金融状况指数与经济增长、通货膨胀之间的关系，以确定时变金融状况指数是否应该纳入中国货币政策目标规则的参考体系。

第二节　金融状况指数与经济增长、通货膨胀的相关性

一、数据的选取

本章选择的指标分别是 GDP 增长率、通货膨胀率及中国时变金融状况指数。数据为季度数据，数据样本期为 2003 年第 2 季度至 2013 年第 2 季度，共 41 个样本点。

由于消费者价格指数（CPI）能全面反映中国物价变化的程度，国内学者一般都采用消费者价格指数来反映通货膨胀率。本章根据消费者价格指数同比数据来计算季度通货膨胀率，CPI 月度数据来自中华人民共和国国家统计局网站。首先通过三项移动平均求出季度 CPI，然后计算季度通货膨胀率。经济增长率用国内生产总值指数减去 100 来衡量，GDP 指数数据来自中华人民共和国国家统计局网站。中国时变金融状况指数将第四章的月度数据通过平均得到季度时变金融状况指数。有关通货膨胀率和经济增长率的季度数据请参阅附录 1。

二、动态相关分析

对 GDP 增长率和通货膨胀率是否具有预测指示器作用是评价时变金融状况指数的重要标准。为此，本章首先研究中国时变金融状况指数、通货膨胀率和产出增长率的趋势情况，如图 6－1 所示。以零水平线代表零通货膨胀与金融形势松紧适度的均衡状态，零线以上代表通货膨胀与金融宽松，零线以下代表通货膨胀紧缩与金融紧缩。此外，GDP 增长率以 9% 为水平线，水平线上方为 GDP 增长率高于 9%，水平线下方为 GDP 增长率低于 9%。

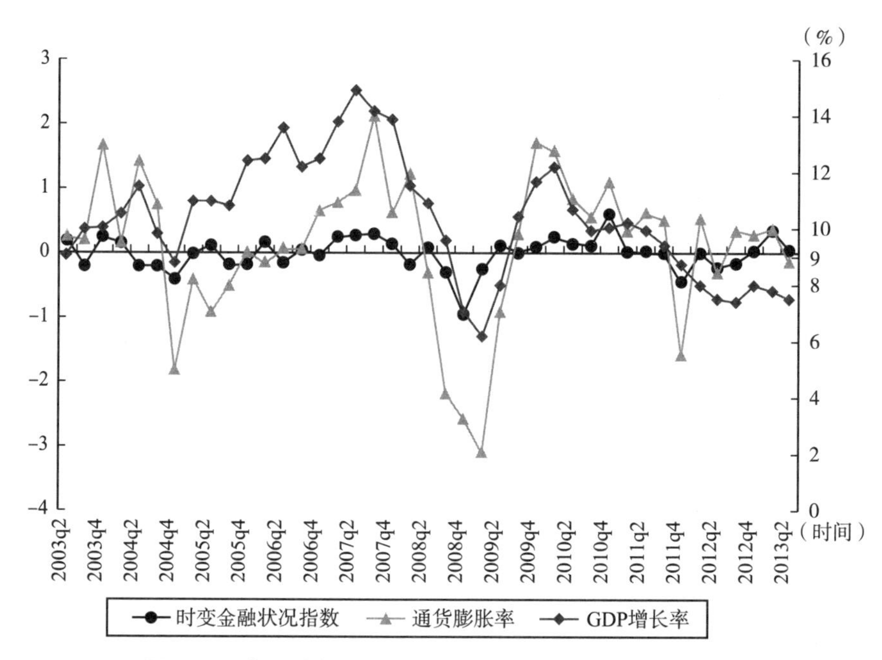

图 6-1 中国时变 FCI、通货膨胀率和 GDP 增长率的走势

资料来源：作者根据中国人民银行（http：//www. pbc. gov. cn）和国家统计数据库（http：//219. 235. 129. 58/reportMonthQuery. do）相关数据计算绘制。

由图 6-1 可以看出，从 2003 年第 2 季度至到 2013 年第 2 季度，中国的经济和金融形势大致可以分为 4 个阶段。第一阶段为 2008 年以前，中国金融状况整体处于相对稳定时期，松紧适中；物价水平波动较小，通货膨胀率维持较低水平；经济稳定增长。第二阶段为 2008～2009 年，受美国金融危机的严重影响，中国整体经济下行压力不断增大，为了维持经济的平稳性，中国财政推出 4 万亿“保增长”措施，中国货币政策从紧缩状态慢慢进入宽松状态，通货紧缩状态慢慢转为通货膨胀状态，GDP 的增长率也逐渐提升；第三阶段为 2010～2011 年，由于宽松的货币政策存在潜在负面效应，出现房地产价格上涨快的现象，消费通货膨胀逐渐升温，货币政策从宽松转向稳健，连续 10 次上调法定存款准备金率，连续 5 次上调贷款基准利率，试图为经济降温，到 2011 年初中国货币政策由松转紧。第四阶段为 2012～2013 年，因中国人民银行下调法定存款准备金率与贷款基准利率，中国时变金融状况指数小幅回升，房地产价格的下降影响了 GDP 增长率。

进一步利用变量间的跨期相关系数研究中国时变金融状况指数与GDP增长率、通货膨胀率之间的相关性。图6－2和图6－3给出中国时变金融状况指数与GDP增长率和通货膨胀率的跨期相关系数，可以发现GDP增长率与中国时变金融状况指数滞后1期的相关系数最大为0.44，然后随着滞后期的增加而减少。由此可见，中国时变金融状况指数对GDP增长率具有前瞻性的作用，而中国时变金融状况指数与通货膨胀率随着滞后期的增加而不断变小，最大动态相关系数为0.65。

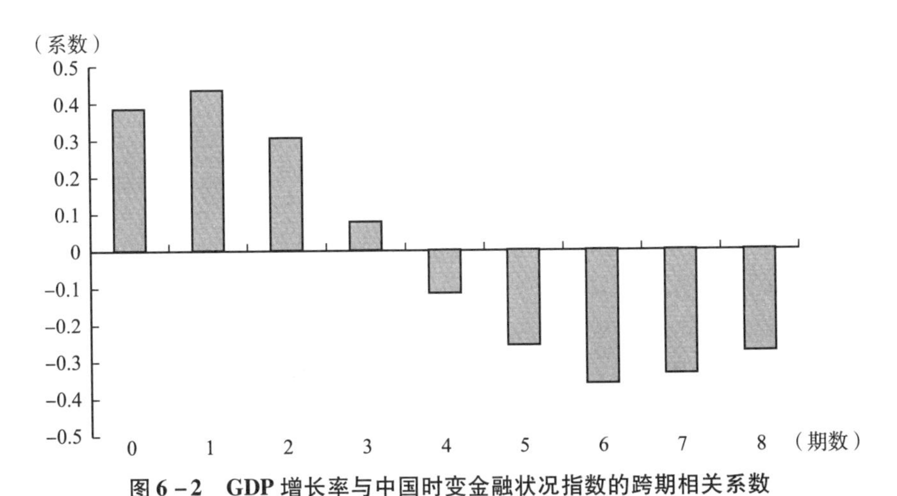

图6－2　GDP增长率与中国时变金融状况指数的跨期相关系数

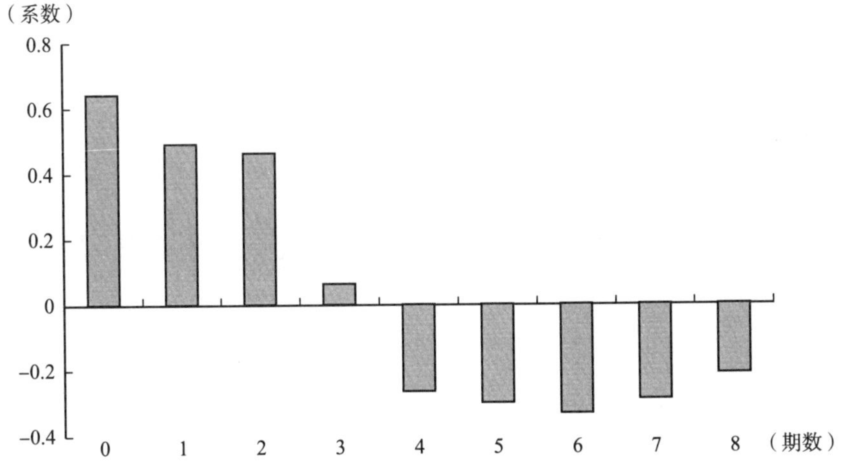

图6－3　通货膨胀率与中国时变金融状况指数的跨期相关系数

三、格兰杰因果分析

基于上述的相关分析，本章进一步对滞后一期的中国时变金融状况指数与GDP增长率进行格兰杰因果检验，表6－1的结果表明，在10%的显著性水平下，滞后一期的中国时变FCI是GDP增长率的格兰杰原因，且GDP增长率是中国时变FCI的格兰杰原因。这说明中国时变金融状况指数是GDP增长率的先行指标，对GDP具有“指示器”作用，且GDP增长率的变化也可导致中国金融环境的变化。

表6－1　滞后一期中国时变金融状况指数与产出增长率的格兰杰检验

原假设	F值	P值	结论（10%的显著性水平）
中国时变FCI不是GDP增长率的格兰杰原因	2.5899	0.0902	拒绝
GDP增长率不是时变FCI的格兰杰原因	3.7459	0.0342	拒绝

表6－2展示了中国时变金融状况指数与通货膨胀率的格兰杰因果检验，在10%的显著性水平下，发现中国时变FCI是通货膨胀率的格兰杰原因，表明中国时变FCI是通货膨胀率的先行指标，而通货膨胀率不是中国时变FCI的格兰杰原因。

表6－2　中国时变金融状况指数与通货膨胀率的格兰杰检验

原假设	F值	P值	结论（10%的显著性水平）
中国时变FCI不是通货膨胀率的格兰杰原因	2.9183	0.0677	拒绝
通货膨胀率不是时变FCI的格兰杰原因	1.8243	0.1768	不能拒绝

第三节　中国时变金融状况指数的预测能力分析

一、对GDP增长率的预测能力分析

本节采用自回归模型对中国时变金融状况指数和GDP增长率的预测能力

进行判断。AR 模型表示为：

$$y_t = \alpha_0 + \alpha_1 T_t + e_t \tag{6-1}$$

$$y_t = \beta_0 + \beta_1 T_t + \sum_{k=0}^{q} \beta_{k+2} FCI_{t-k} + \varepsilon_t \tag{6-2}$$

其中，y_t 表示 GDP 增长率。为了验证中国时变 FCI 对产出的指示功能，式（6-2）中含有中国时变 FCI，与不含有中国时变 FCI 的式（6-1）进行回归结果和预测效果的比较，分别取 q = 0，1，2，3，4 对式（6-1）和式（6-2）进行评估。结果发现，在5%的显著性水平下，当 q = 0 时，式（6-2）各参数的 T 检验才通过。式（6-1）和式（6-2）的估计结果如下：

$$y_t = 0.99 y_{t-1} + \hat{e}_t$$
$$(58.58)$$
$$R^2 = 0.72,\ D.W. = 1.43 \tag{6-3}$$

$$y_t = 0.99 y_{t-1} + 1.55 FCI_t + \hat{u}_t$$
$$(62.07)\quad(2.41)$$
$$R^2 = 0.76,\ D.W. = 1.60 \tag{6-4}$$

拟合效果如图 6-4 所示，回归效果指标比较如表 6-3 所示。

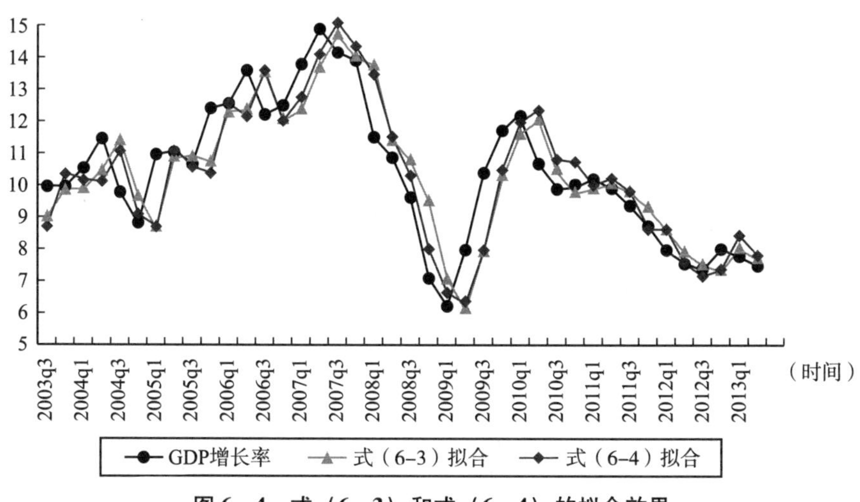

图 6-4　式（6-3）和式（6-4）的拟合效果

表 6-3　　评价回归结果的标准及结果

名称	计算	式（6-3）回归结果	式（6-4）回归结果
SSE	$SSE = \sum_{i=1}^{m}(y_i - \hat{y}_i)^2$	50.63	43.95
NMSE	$NMSE = SSE/SST = \frac{\sum_{i=1}^{m}(y_i - \hat{y}_i)^2}{\sum_{i=1}^{m}(y_i - \bar{y})^2}$	0.28	0.24
R^2	$R^2 = SSR/SST = \frac{\sum_{i=1}^{m}(\hat{y}_i - \bar{y})^2}{\sum_{i=1}^{m}(y_i - \bar{y})^2}$	0.72	0.76

由此可知，由于残差平方和（SSE）、残差平方和与总平方和之比（NMSE）和拟合优度（R^2）是衡量预测误差的常用指标，对其进行计算比较发现：式（6-3）回归结果的 SSE 为 50.63，而式（6-4）回归结果的 SSE 为 43.95，式（6-3）回归结果的 NMSE 为 0.28，而式（6-4）回归结果的 NMSE 为 0.24，式（6-4）拟合优度 R^2 大于式（6-3）的拟合优度 R^2。由此可见，式（6-4）的回归效果要优于式（6-3），中国时变 FCI 对宏观经济的发展具有信息指示器的作用。

二、对通货膨胀率的预测能力分析

进一步采用自回归模型对中国时变 FCI 对通货膨胀率的预测能力进行判断。AR 模型表示为：

$$\pi_t = \alpha_0 + \alpha_1 \pi_{t-1} + e_t \tag{6-5}$$

$$\pi_t = \beta_0 + \beta_1 \pi_{t-1} + \sum_{k=0}^{q} \beta_{k+2} FCI_{t-k} + \varepsilon_t \tag{6-6}$$

其中，π_t 表示通货膨胀率，为了验证中国时变 FCI 对通货膨胀的指示功能，式（6-6）中含有中国时变 FCI，与不含有中国时变 FCI 的式（6-5）进行回归结果和预测效果的比较，分别取 q=0，1，2，3，4 对式（6-5）和式（6-6）进行估计。结果发现，在 5% 的显著性水平下，当 q=0 时，式（6-6）

各参数的 T 检验通过。式（6－5）和式（6－6）的估计结果如下：

$$\pi_t = 0.56\pi_{t-1} + \hat{e}_t$$
$$(4.19)$$
$$R^2 = 0.30,\ D.W. = 2.02 \qquad (6-7)$$

$$\pi_t = 0.38\pi_{t-1} + 2.19FCI_t + \hat{u}_t$$
$$(3.17) \qquad (4.24)$$
$$R^2 = 0.53,\ D.W. = 2.34 \qquad (6-8)$$

拟合效果如图 6－5 所示，回归效果指标比较如表 6－4 所示。

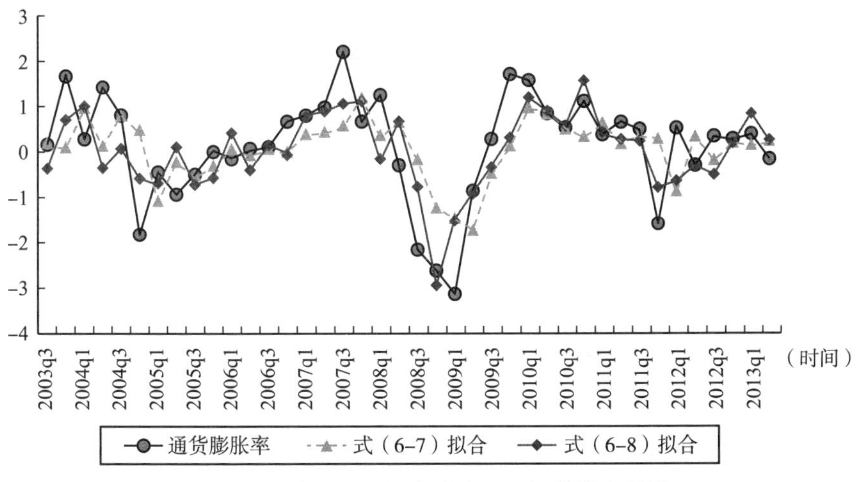

图 6－5　式（6－7）和式（6－8）的拟合效果

表 6－4　评价回归结果的标准及结果

名称	计算	式（6－7）结果	式（6－8）结果
SSE	$SSE = \sum_{i=1}^{m}(y_i - \hat{y}_i)^2$	36.24	24.61
NMSE	$NMSE = SSE/SST = \frac{\sum_{i=1}^{m}(y_i - \hat{y}_i)^2}{\sum_{i=1}^{m}(y_i - \bar{y})^2}$	0.69	0.47

续表

名称	计算	式（6－7）结果	式（6－8）结果
R^2	$R^2 = SSR/SST = \frac{\sum_{i=1}^{m}(\hat{y}_i - \bar{y})^2}{\sum_{i=1}^{m}(y_i - \bar{y})^2}$	0.30	0.53

由此可知，由于SSE、NMSE和R^2是衡量预测误差的常用指标，对其进行计算比较发现：式（6－7）回归结果的SSE为36.24，而式（6－8）回归结果的SSE为24.61，式（6－7）回归结果的NMSE为0.69，而式（6－8）回归结果的NMSE为0.47，式（7－8）拟合优度R^2大于式（6－7）的拟合优度R^2。由此可见，式（6－8）的回归效果要优于式（6－7），中国时变FCI对通货膨胀具有信息指示器的作用。

第七章

中国时变金融状况指数与利率规则研究

第一节　金融状况指数与利率规则

随着我国利率市场化改革的推进，央行开始逐步采用利率工具，实行利率规则。2013 年 7 月，央行宣布取消金融机构贷款利率 0.7 倍的下限，由金融机构根据商业原则自主确定贷款利率水平，这标志着中国利率规则已进入本质的实施阶段。基准利率规则描述了短期利率应如何针对通胀和产出的变化做出相应的调整。中国利率规则研究备受国内学者的广泛关注，通过扩展基准利率规则，衍生出引入汇率变量的利率规则和引入资产价格变量的利率规则，并实证研究其在中国的适用性和有效性等。

一方面，在开放经济体中，汇率波动将影响一国贸易品的进出口价格和国内价格水平，进而影响该国的产出、通胀和利率等。随着人民币汇率弹性的增强，国内部分学者认为人民币汇率波动应该纳入中国货币政策体系：刘江和卢卉（2005）提出，汇率是影响市场利率的重要变量，应该纳入到利率规则体系；邓永亮和李薇（2010）认为，将汇率波动纳入货币政策体系能提高货币政策的有效性。

另一方面，随着资本市场对实体经济的影响变大，国内部分学者认为资产价格波动应该纳入中国货币政策体系。袁靖（2011）基于利率规则对中国股票市场资产价格泡沫进行检验，发现中国的货币政策资本市场传导机制不畅。王虎等（2008）认为，中国证券市场是判断未来经济走势和通胀变动趋势的货币政策指示器。张晓慧（2009）从通胀机理的角度对资产价格与货币政策的关系进行了探讨，提出建立和完善资产价格货币政策的建议。李成等（2010）指出，中央银行将资产价格及汇率等纳入货币政策框架，有助于提高宏观调控的敏锐性。

金融状况指数的构建包含利率、汇率和资产价格等信息，用来反映金融市场状况，并对未来宏观经济具有预测能力。因而，国内部分学者将金融状况指数作为衡量金融市场的变量纳入利率规则体系。肖奎喜和徐世长（2011）扩展基准利率规则，构建了包含中国金融状况指数在内的广义利率规则，研究发现中国货币管理部门的利率调控呈现出“逆周期”与“顺通胀”的特征，中央银行的利率调整缺乏弹性。封北麟和王贵民（2006）将 FCI 指数作为目标和信息变量纳入利率规则，发现 FCI 与短期利率存在正相关，可成为货币政策的短期指示器。陆军等（2011）构建了中国动态金融状况指数，并将其纳入新凯恩斯混合菲利普斯曲线模型，研究表明动态指数对当期和未来一个季度的通胀具有显著的正向效应。

由于传统的经济模型缺乏微观基础和有远见的经济主体的优化行为，本章采用微观经济分析和宏观经济分析统一、短期分析和长期分析相结合、在宏观经济政策分析上具有优越性的 DSGE 模型，并把时变金融状况指数纳入利率规则的货币政策框架中，研究开放经济下利率、产出和通货膨胀的相互关系，考察利率冲击对我国宏观经济的影响。

第二节　DSGE 模型的贝叶斯估计

一、均衡条件的对数线性模型

加利和莫纳切利（Galí & Monacelli，2005）提出小型开放经济下的 DSGE

模型，假设世界经济体由一个个开放的、连续的小型经济体组成，并用单位区间［0，1］来表示。每一个经济体是零测度，并假设所有的小型经济体都有相同的偏好、技术和市场结构。卢比克和绍尔夫海德（Lubik & Schorfheide，2007）研究了澳大利亚、加拿大、新西兰和英国的汇率波动和利率规则之间的关系；弗拉尼等（Furlani et al.，2010）考察巴西的汇率波动对利率的影响，认为汇率波动不是直接导致利率变化的主要因素。本章将时变金融状况指数纳入利率规则的货币政策框架中，拓展了卢比克和绍尔夫海德的DSGE模型，研究开放经济下利率、GDP和通货膨胀的相互关系。

开放经济下的DSGE模型主要由三个核心方程组成：前瞻性IS曲线、新凯恩斯菲利普斯曲线和利率规则。此外，模型还包括五个结构性冲击：利率冲击、汇率贬值率冲击、价格贸易条件冲击、世界产出冲击和世界技术冲击，所有的冲击服从正态分布，且相互独立。

由家庭最优决策得到的IS曲线为：

$$y_t = E_t y_{t+1} - [\tau + \alpha(2-\alpha)(1-\tau)](r_t - E_t \pi_{t+1}) - \rho_z z_t - \alpha[\tau + \alpha(2-\alpha)(1-\tau)]E_t \Delta s_{t+1} + \alpha(2-\alpha)\frac{(1-\tau)}{\tau}E_t \Delta y^*_{t+1} \quad (7-1)$$

其中，y_t 是产出，r_t 是名义利率，π_t 是通货膨胀率，s_t 是价格贸易条件，y^*_t 是内生世界产出，$z_t = \frac{A_t}{A_{t-1}}$ 是世界技术 A_t 的增长率。$\tau = \frac{1}{\sigma}$ 是跨期替代弹性，$0 \leq \alpha < 1$ 是进口开放度。

由厂商最优价格决策得到的菲利普斯曲线为：

$$\pi_t = \beta E_t \pi_{t+1} + \alpha\beta E_t \Delta s_{t+1} - \alpha \Delta s_t + \frac{\lambda}{\tau + \alpha(2-\alpha)(1-\tau)}(y_t - \bar{y}_t) \quad (7-2)$$

其中，$\bar{y}_t = -\alpha(2-\alpha)(1-\tau)/\tau y^*_t$ 是国内潜在产出，β 是跨期贴现因子，$\lambda > 0$ 是价格粘性程度。

在持有相对购买力评价（Purchasing Power Parity，PPP）的假设下，CPI通胀与名义汇率 e_t 的关系：

$$\pi_t = \Delta e_t + (1-\alpha)\Delta s_t + \pi^*_t \quad (7-3)$$

其中，π^*_t 是世界通胀冲击，为不可观察变量，其方差为 σ^2_π。Δe_t 是名义汇率贬值率，服从AR（1）过程：

$$\Delta e_t = \rho_e \Delta e_{t-1} + \varepsilon^e_t \quad (7-4)$$

其中，$0<\rho_e<1$，ε_t^e 是对名义汇率变化率的冲击，其方差为 σ_e^2。

由于利率和汇率只能包含金融市场的部分信息，而中国时变金融状况指数（FCI）中包含多种金融市场变量，能更全面地反映金融市场的状况。基于此，将中国时变 FCI 纳入货币政策规则体系，得到如下广义的泰勒法则（Taylor，2001）：

$$r_t=\rho_r r_{t-1}+(1-\rho_r)[\psi_1\pi_t+\psi_2 y_t+\psi_3\Delta e_t+\psi_4 FCI_t]+\varepsilon_t^r \tag{7-5}$$

其中，$0\leqslant\rho_r<1$，ψ_1，ψ_2，ψ_3，$\psi_4\geqslant 0$，ε_t^r 是内生货币政策冲击，其方差为 σ_r^2。

此外，A_t，Δs_t，y_t^* 和 FCI_t 都服从 AR（1）过程：

$$A_t=\rho_z A_{t-1}+\varepsilon_t^z \tag{7-6}$$

$$\Delta s_t=\rho_s\Delta s_{t-1}+\varepsilon_t^s \tag{7-7}$$

$$y_t^*=\rho_{y*}y_{t-1}^*+\varepsilon_t^{y*} \tag{7-8}$$

$$FCI_t=\rho_{FCI}FCI_{t-1}+\varepsilon_t^{FCI} \tag{7-9}$$

其中，ε_t^z，ε_t^s，ε_t^{y*} 和 ε_t^{FCI} 分别表示世界技术冲击、价格贸易条件冲击、世界产出冲击和金融状况冲击，它们的方差分别为 σ_z^2，σ_s^2，σ_{y*}^2 和 σ_{FCI}^2。

二、贝叶斯估计

DSGE 模型参数的估计方法主要有三种：校准（calibration）、极大似然估计（maximum likelihood estimation）以及贝叶斯估计（Bayesian estimation），其中贝叶斯估计方法是 DSGE 模型估计参数的常用方法，也是目前最流行的估计方法。一个完全的贝叶斯分析包括数据分析、概率模型的构造、先验信息和效应函数的假设和最终决策，即将未知参数的先验信息与样本信息综合，再根据贝叶斯定理得出后验信息，然后根据后验信息推断未知参数。

贝叶斯方法估计未知参数过程中的计算主要集中在后验期望（posterior expectation）的计算上。设 $\pi(x)(x\in\aleph)$ 为后验分布，需要计算后验分布的量可写成某函数 $f(x)$ 关于 $\pi(x)$ 的期望：

$$E_\pi f=\int_\aleph f(x)\pi(x)dx \tag{7-10}$$

对于较简单的后验分布，可以直接利用正态近似、数值积分和蒙特卡罗重要抽样（以下简称 Monte Carlo 抽样）。当后验分布很复杂时，Monte Carlo 抽样是计算后验分布期望最常用的方法。

蒙特卡罗马尔可夫链（Monte Carlo Markov Chain，MCMC 方法）是在贝叶斯的理论框架下通过计算机进行模拟的 Monte Carlo 抽样。它提供了从待估参数后验分布抽样的方法。MCMC 方法本质上就是使用马尔可夫链的蒙特卡罗积分。基于贝叶斯推断原理的 MCMC 方法主要用于产生后验分布的样本，计算边缘分布以及后验分布的矩。

MCMC 方法的基本思想是通过建立一个平稳分布为 $\pi(x)$ 的 Markov 链得到 $\pi(x)$ 的样本，基于这些样本就可以作各种统计推断。若得到 $\pi(x)$ 的样本 $X^{(1)}$，$X^{(2)}$，…，$X^{(n)}$，则式（7－10）可估计为：

$$\hat{f}_n = \frac{1}{n}\sum_{i=1}^{n} f(X^{(i)}) \tag{7-11}$$

这便是 Monte Carlo 积分。当 $X^{(1)}$，$X^{(2)}$，…，$X^{(n)}$独立时，由大数定律有

$$\hat{f}_n \xrightarrow{a.s.} E_\pi f,\ n \to \infty \tag{7-12}$$

但当 $X^{(1)}$，$X^{(2)}$，…，$X^{(n)}$是平稳分布为 $\pi(x)$ 的 Markov 过程的样本时，式（7－12）也成立。

样本 $X^{(1)}$，$X^{(2)}$，…，$X^{(n)}$来自分布 $\pi(x)$，由不同的抽样方法得到不同的 MCMC 方法，如梅特罗波利斯—黑斯廷斯（Metropolis－Hastings）方法、吉布斯（Gibbs）抽样方法以及各种复合方法。有关梅特罗波利斯—黑斯廷斯方法和吉布斯抽样方法的具体数学原理推导过程可参考茆诗松、王静龙等①。

设 $p(\theta)$ 为结构参数 $\theta = [\psi_1, \psi_2, \psi_3, \psi_4, \alpha, \beta, \lambda, \tau, \rho_r, \rho_s, \rho_z, \rho_{y*}, \rho_e, \sigma_r, \sigma_s, \sigma_z, \sigma_{y*}, \sigma_e]$ 的先验分布密度。可观测变量由年利率、年通货膨胀率、实际产出增长率、名义汇率贬值率及价格贸易条件的变化率组成，即 $Y_t = [4r_t, 4\pi_t, \Delta y_t + z_t, \Delta e_t, \Delta s_t]'$。$Y^T = \{Y_1, \cdots, Y_T\}$ 为可观测数据组成的矩阵。由贝叶斯定理得：

$$p_D(\theta \mid Y^T) = \frac{L_D(\theta \mid Y^T)p(\theta)}{\int L_D(\theta \mid Y^T)p(\theta)d(\theta)}$$

其中，$p_D(\theta \mid Y^T)$ 为结构参数 θ 的后验分布，$L_D(\theta \mid Y^T)$ 为可观测数据组成的矩阵 Y^T 的条件似然函数，$\int L_D(\theta \mid Y^T)p(\theta)d(\theta)$ 为边际似然（marginal likelihood）。

---

① 茆诗松，王静龙，等．高等数理统计［M］．北京：高等教育出版社，1998.

DSGE 模型参数的贝叶斯估计可以通过 Matlab 的专用软件包 DYNARE[①] 来完成。DYNARE 软件包是专门用来解决包含有前瞻性向量的非线性模型。在 DYNARE 软件包估计模型参数的过程中，利用 Metropolis – Hastings 抽样的 MCMC 方法，经过成千上万次的迭代确保 MCMC 收敛。

三、数据的选取与处理

模型中选择的可观测变量分别是我国的实际产出增长率、通货膨胀率、名义短期利率、汇率的变化率及价格贸易条件的变化率。数据为季度数据，数据样本期为 2003 年第 2 季度至 2013 年第 2 季度，共 41 个样本点。各指标数据的选择及处理的具体过程如下：

（一）利率

市场利率是一种完全市场化的利率，是利率体系和金融产品价格体系形成的基础，是中央银行制定基准利率的价格信号和参照系数。在我国，银行间同业拆借市场和银行间债券回购市场的利率市场化程度最高，两者之间存在双向的格兰杰因果关系，对彼此之间的利率变化均比较敏感。郑挺国和刘金全（2010）进一步认为，同业拆借利率较债券回购利率更能体现资金的真实价格。刘明志（2006）认为，选用 7 天期银行间拆借利率作为目标利率比较好。因此，本章选取 7 天期银行间拆借利率作为市场名义利率的代理变量，7 天期银行间拆借利率的数据来自中国人民银行网站公布的银行间同业拆借利率的月度数据，对此月度数据进行季度平均后得到同业拆借利率的季度数据。有关 7 天期银行间拆借利率的季度数据请参阅附录 2 中的表 1。

（二）通货膨胀率

由于消费者价格指数（CPI）能全面反映中国物价变化的程度，与 GDP 关系密切。因此，国内学者一般都采用消费者价格指数来反映通货膨胀率。我们根据消费者价格指数同比数据来计算季度通货膨胀率，CPI 月度数据来

---

① DYNARE 软件下载网址：http：//www. dynare. org.

自中华人民共和国国家统计局网站。我们首先通过三项移动平均求出季度CPI，然后计算季度通货膨胀率。有关通货膨胀率的季度数据请参阅附录2中的表1。

（三）实际产出增长率

由于从中华人民共和国国家统计局网站得到是各季度末累计实现的GDP。因此，我们首先将本季度末累计实现的名义GDP减去上季度末累计实现的GDP可到当季名义GDP，然后根据季度CPI进行调整得到当季实际GDP，即实际季度GDP=[名义季度GDP/(季度CPI)]×100。由于GDP变化存在较强的季节性、周期性和趋势性，故利用X-11方法对实际GDP进行季节调整，最后计算出实际GDP的变化率。有关实际产出增长率的季度数据请参阅附录1中的表1。

（四）名义汇率的变化率

名义汇率变化率的定义：

$$\Delta e_t = \frac{e_t - e_{t-1}}{e_t} \times 100$$

其中，e_t 表示当季名义汇率的平均值，e_{t-1} 表示前一季度的名义汇率平均值。首先从中国人民银行网站获取人民币对美元汇率的月度平均值，其次求出名义汇率的季度平均值，最后根据上式求名义汇率季度变化率。有关人民币兑美元的名义汇率季度变化的数值请参阅附录2中的表1。

（五）价格贸易条件

价格贸易条件是指出口价格指数与进口价格指数之比，是反映该国家在国际市场中竞争实力的指标，其经济学含义为每单位出口商品能够换回的进口商品数量。价格贸易条件比值上升，表示贸易条件改善；反之，则表示贸易条件恶化。由于获取出口价格指数与进口价格指数的季度数据难度较大，我们采用相对收入贸易条件代替价格贸易条件（王琛，2006），其定义为我国与“世界”的贸易条件之比，即：

$$s_t = \frac{P_x \times Q_x}{P_m \times Q_m}$$

其中，$P_x \times Q_x$ 为出口收入指数，$P_m \times Q_m$ 为进口收入指数。因此，相对收入贸易条件指数可以近似地转化为中国出口总额与进口总额之比。从中华人民共和国海关总署网站（http://www.customs.gov.cn）获得中国出口总额与进口总额的月度数据，其次求出各季度中国出口总额与进口总额比值的平均值，最后计算出相对收入贸易条件指数，用来代替价格贸易条件。有关价格贸易条件变化率的季度数据请参阅附录1中的表格3。

（六）参数的先验分布及其校准

根据上述模型可知各参数的取值范围及其经济含义，参数的先验分布密度参考卢比克和绍尔夫海德（2007）的文献来设定。有关参数的先验分布密度、参数校准值及其取值依据和方法等请参阅表7－1。

表7－1　参数的先验分布

参数	解释意义	取值范围	先验分布		
			先验分布密度	取值	取值依据和方法
ψ_1	利率规则对通货膨胀的反应系数	R^+	Gamma	5.000	弗拉尼等（2010）
ψ_2	利率规则对产出的反应系数	R^+	Gamma	2.000	本书设定
ψ_3	利率规则对汇率波动的反应系数	R^+	Gamma	0.500	本书设定
ψ_4	利率规则对时变FCI的反应系数	R^+	Gamma	0.600	本书设定
α	进口开放度	[0，1)	Beta	0.112	进口总额与当期GDP比例的平均值
β	跨期贴现因子	[0，1)	Beta	0.900	本书设定
λ	价格粘性程度	R^+	Gamma	0.600	陈昆亭、龚六堂（2006）
τ	跨期替代弹性	[0，1)	Beta	0.500	刘斌（2008）
ρ_r	利率平滑系数	[0，1)	Beta	0.774	卞志村（2006）

续表

参数	解释意义	取值范围	先验分布		
			先验分布密度	取值	取值依据和方法
ρ_s	价格贸易条件变化率变化的持续性	[0, 1)	Beta	0.700	由 AR（1）求得
ρ_z	世界技术变化的持续性	[0, 1)	Beta	0.200	卢比克和绍尔夫海德（2007）
ρ_{y*}	世界产出变化的持续性	[0, 1)	Beta	0.900	卢比克和绍尔夫海德（2007）
ρ_e	名义汇率变化率变化的持续性	[0, 1)	Beta	0.450	由 AR（1）求得
σ_r	利率冲击的方差	R^+	InvGamma	4.000	本书设定
σ_s	价格贸易条件冲击的方差	R^+	InvGamma	6.000	本书设定
σ_z	世界技术冲击的方差	R^+	InvGamma	0.500	本书设定
σ_{y*}	世界产出冲击的方差	R^+	InvGamma	1.500	本书设定
$\sigma_{\pi*}$	世界通货膨胀冲击的方差	R^+	InvGamma	5.000	本书设定
σ_e	汇率冲击的方差	R^+	InvGamma	5.000	本书设定

本章结合国内外相关文献和中国经济季度数据来确定模型参数的校准值。参照国内大多数文献，将跨期贴现因子 β 的值设定为 0.9。关于价格粘性程度 λ，根据陈昆亭和龚六堂（2006）的研究将其值设定为 0.6。跨期替代弹性 τ，根据刘斌（2008）的文献将其值设定为 0.5。进口开放度 α 国内文献尚无讨论，因此用进口总额与当期 GDP 比例的平均值来衡量，其取值为 0.112。利率平滑系数 ρ_R，参照卞志村（2006）的文献，设定为 0.774。参考弗拉尼等（Furlani et al.，2010）的研究，利率规则对通胀的反应系数设定为 5，而利率规则对产出和汇率波动的反应系数分别设定为 2 和 0.5。

第三节　DSGE 模型的模拟结论分析

一、参数的后验分布

本章使用 Matlab 的专用软件包 DYNARE 对模型的参数进行估计。有关蒙特卡罗马尔可夫链收敛性诊断图请查阅附录 2。

表 7－2 给出了模型参数的后验分布均值和 90% 的置信区间。由此可以看出，我国银行间同业拆借利率具有平滑特征，平滑系数为 0.728，这一结果与王建国（2006）、张屹山和张代强（2008）、李文溥和李鑫（2010）等研究结论是一致的。中央银行在调整利率水平时，对通胀和产出的反应系数分别为 1.362 和 0.545，表明银行间同业拆借利率对通胀和产出的反应敏感度较高，但中央银行更为关注物价水平的稳定。从银行间同业拆借利率对汇率波动的反应系数上看，利率对汇率波动的反应系数为 0.135，说明央行在对利率调控时没有太多考虑汇率波动的因素，这与李成等（2010）的结果一致。

表 7－2　参数的后验分布

参数	解释意义	取值范围	后验分布		
			后验分布密度	均值	90% 的置信区间
ψ_1	利率规则对通货膨胀的反应系数	R^+	Gamma	5.008	[4.923，5.091]
ψ_2	利率规则对产出的反应系数	R^+	Gamma	2.002	[1.922，2.086]
ψ_3	利率规则对汇率波动的反应系数	R^+	Gamma	0.495	[0.412，0.569]
ψ_4	利率规则对 FCI 的反应系数	R^+	Gamma	0.439	[0.369，0.515]
α	进口开放度	[0，1)	Beta	0.078	[0.041，0.112]
β	跨期贴现因子	[0，1)	Beta	0.901	[0.868，0.932]

续表

参数	解释意义	取值范围	后验分布		
			后验分布密度	均值	90%的置信区间
λ	价格粘性程度	R^+	Gamma	0.660	[0.242, 1.079]
τ	跨期替代弹性	[0, 1)	Beta	0.228	[0.094, 0.352]
ρ_r	利率平滑系数	[0, 1)	Beta	0.728	[0.604, 0.837]
ρ_s	价格贸易条件变化率变化的持续性	[0, 1)	Beta	0.692	[0.660, 0.726]
ρ_z	世界技术变化的持续性	[0, 1)	Beta	0.314	[0.232, 0.401]
ρ_{y*}	世界产出变化的持续性	[0, 1)	Beta	0.963	[0.938, 0.991]
ρ_e	名义汇率变化率变化的持续性	[0, 1)	Beta	0.446	[0.415, 0.478]
ρ_{FCI}	FCI 变化的持续性	[0, 1)	Beta	0.441	[0.409, 0.473]
σ_r	利率冲击的方差	R^+	InvGamma	2.598	[1.831, 3.386]
σ_s	价格贸易条件冲击的方差	R^+	InvGamma	6.194	[5.082, 7.262]
σ_z	世界技术冲击的方差	R^+	InvGamma	3.644	[2.551, 4.804]
σ_{y*}	世界产出冲击的方差	R^+	InvGamma	7.683	[1.418, 14.448]
σ_e	汇率冲击的方差	R^+	InvGamma	6.278	[5.247, 7.284]
σ_{FCI}	FCI 冲击的方差	R^+	InvGamma	8.817	[7.131, 10.275]

从银行间同业拆借利率对金融状况指数的反应系数上看，利率对金融状况指数的反应系数为0.119，说明中央银行在设定利率时考虑了金融市场和资产价格因素，表明在其他经济条件保持不变的情况下，当金融整体状况高于其长期均衡水平1%时，中央银行仅提高名义短期利率约0.119%，说明中央银行的利率政策对金融形势过于宽松的状况已作出反应，但反应较小，说明目前中国利率较少考虑资本市场因素的特征，市场化仍需进一步推进，这与封北麟和王贵民（2006）的结果一致。

二、模拟结论分析

（一）利率冲击对经济的影响

图7-1展示了1%的利率冲击对GDP增长率和通货膨胀率带来的影响，横坐标表示季度，纵坐标表示偏离稳态的幅度。在1%的利率冲击下，货币供应量的减少导致国内投资和消费成本的增加，使国内的投资和消费减少，因此国内总需求也在减少，物价下降。1%的利率冲击最终带来产出当期下降0.028%、通货膨胀率当期降低0.058%，大约4个季度后GDP增长率和通货膨胀率回到稳态水平。从利率对汇率传导机制的角度分析，紧缩性的利率政策制度能够抑制经济过热的现象，使GDP增长率和通货膨胀率下降。

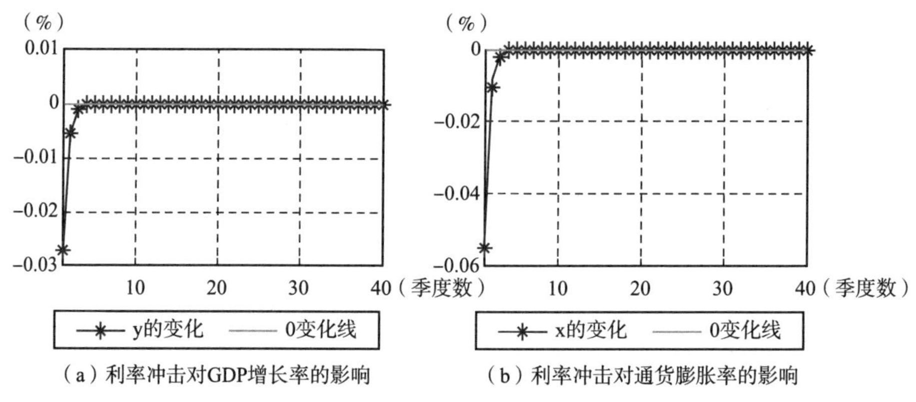

（a）利率冲击对GDP增长率的影响　　（b）利率冲击对通货膨胀率的影响

图7-1　利率冲击对GDP增长率和通货膨胀率的影响

（二）人民币升值冲击对经济的影响

图7-2展示1%人民币升值冲击（负的汇率贬值率冲击）对中国宏观经济的影响，横坐标表示季度，纵坐标表示偏离稳态的幅度。在人民币升值冲击的压力下，市场利率具有“内在稳定器”的作用，通过降低名义利率的方式来抵消升值冲击对经济造成的影响；名义利率的降低导致GDP增加和通货膨胀率的上升。从汇率对利率的传导机制上分析其中的原因：从进口商品价格上看，人民币升值导致以本币计价的进口商品价格下降，如果进口商品需求弹性

小且占 GDP 比重大或没有替代品，那么最终产品的价格就会下降，继而导致国内消费物价水平的下降，实际利率上升，形成借贷资金供大于求的局面，最终导致名义利率的下降；从出口商品价格上看，人民币升值导致以外币计价的出口商品价格的上升，本国出口商品价格在国际上竞争力度减弱，造成出口商品减少，如果出口商品供给弹性小，那么国内商品供大于求，导致国内一般物价水平持续下跌，实际利率上升，借贷资金供大于求，最终导致名义利率的下降；名义利率的下降使投资和消费的成本降低，从而刺激投资需求和消费需求，最终导致 GDP 的增加和通货膨胀率的上升。

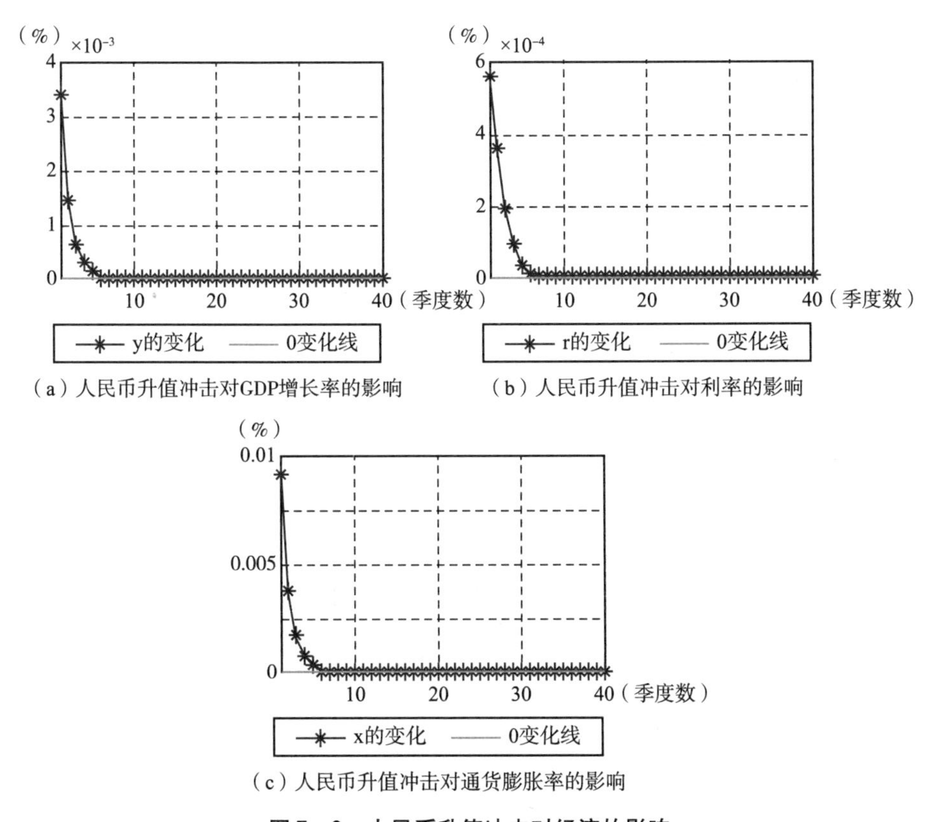

（a）人民币升值冲击对GDP增长率的影响

（b）人民币升值冲击对利率的影响

（c）人民币升值冲击对通货膨胀率的影响

图 7-2 人民币升值冲击对经济的影响

由图 7-2 可以看出：1% 的人民币升值冲击导致名义利率在当期下降 0.0005%、GDP 当期增加 0.036%、通货膨胀率上升 0.008%，大约 7 个季度后都回到稳态水平。随着人民币升值冲击的增大，其对名义利率、GDP 和通货膨胀率的影响效果是逐渐增强的，而且人民币升值冲击对宏观经济的短期作用是扩张性的。

（三）价格贸易条件冲击对经济的影响

图 7-3 给出了 1% 的价格贸易条件冲击对通货膨胀率、名义利率和 GDP 增长率的影响，横坐标表示季度，纵坐标表示偏离稳态的幅度。价格贸易条件受到正的冲击后，导致通货膨胀率和名义利率下降，最终使当期产出小幅度降低后上升至高于稳态水平，大约一年后开始回降，缓慢回到稳态水平。其主要原因是正的价格贸易冲击导致人民币小幅升值和通货膨胀率的下降，央行通过降低市场利率的手段使产出逐步上升。

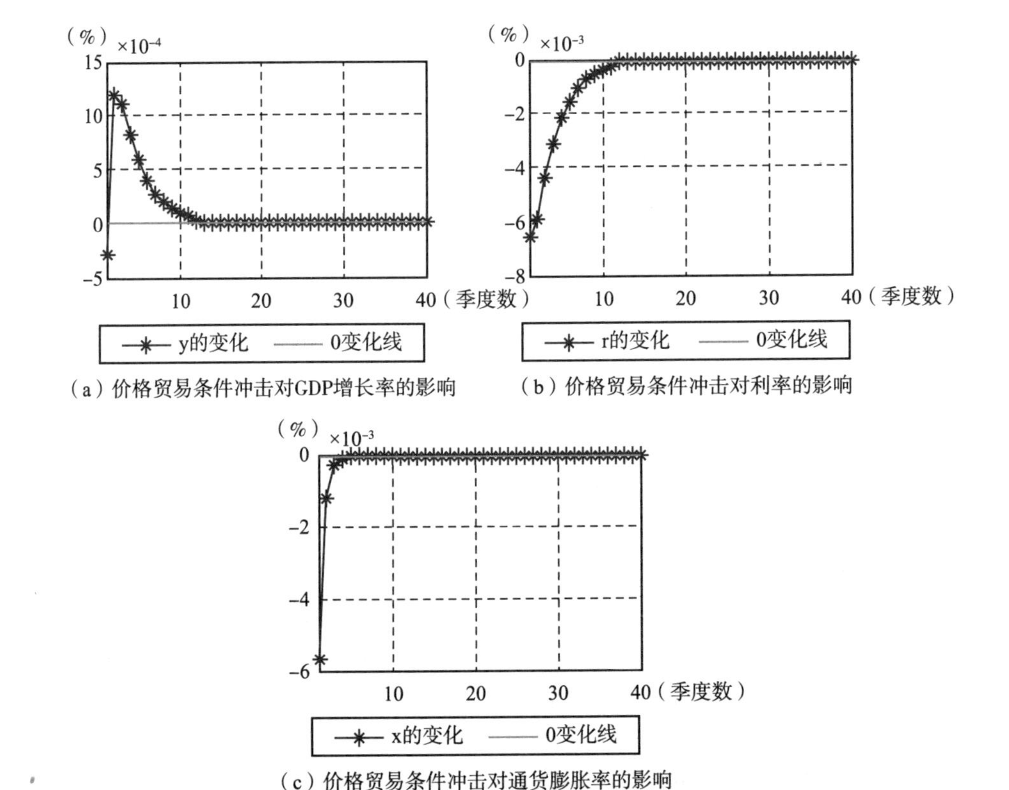

图 7-3　价格贸易条件冲击对经济的影响

（四）世界产出冲击对经济的影响

图 7 -4 展示了世界产出冲击对我国利率、GDP 增长率和通胀率的影响，横坐标表示季度，纵坐标表示偏离稳态的幅度。在 1% 的世界产出冲击下，国内潜在产出相对变低，而且受到国外总需求增大的刺激，导致当期通胀率上升 0.0044%，央行通过调高市场利率来抑制通胀，最终导致国内产出当期下降 0.019%，在 36 个季度后缓慢回到稳态水平。

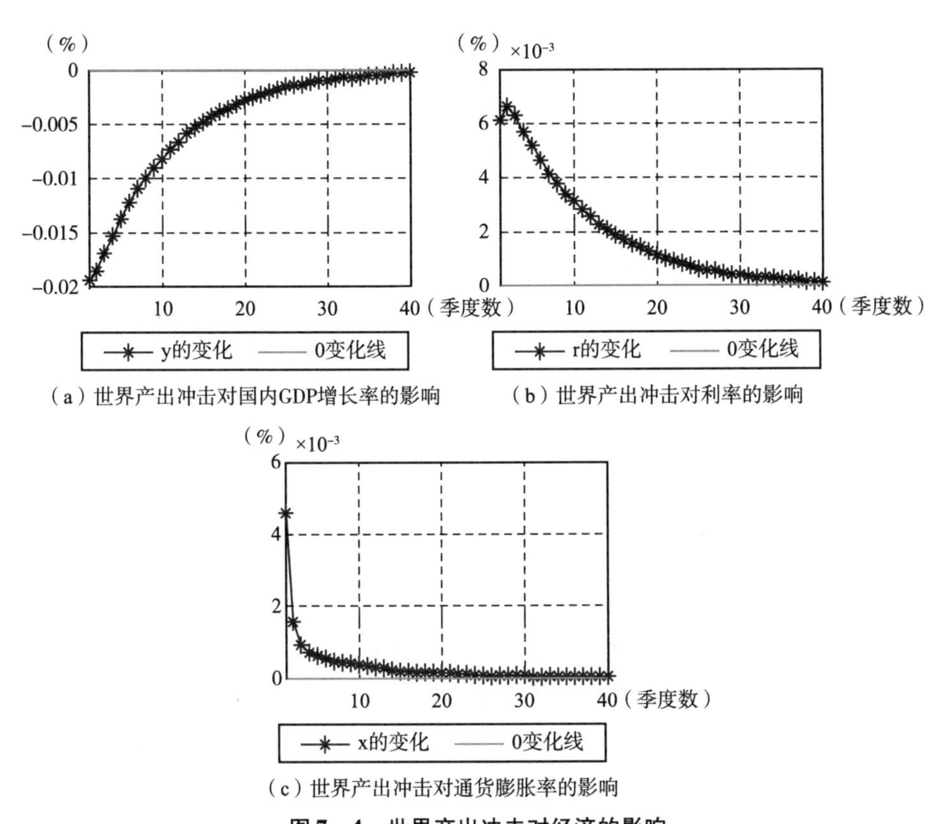

（a）世界产出冲击对国内GDP增长率的影响

（b）世界产出冲击对利率的影响

（c）世界产出冲击对通货膨胀率的影响

图 7 -4　世界产出冲击对经济的影响

（五）世界技术冲击对经济的影响

图 7 -5 给出 1% 的世界技术冲击对我国利率、GDP 增长率和通货膨胀率

的影响，横坐标表示季度，纵坐标表示偏离稳态的幅度。世界技术受到正的冲击后，导致国内 GDP 当期降低 0. 008% 、通胀率当期降低 0. 009% ，央行通过降低市场利率的手段来刺激国内产出，最终半年后国内产出和通胀率上升，大约 6 个季度后国内利率、GDP 增长率和通货膨胀率都回到稳态水平。

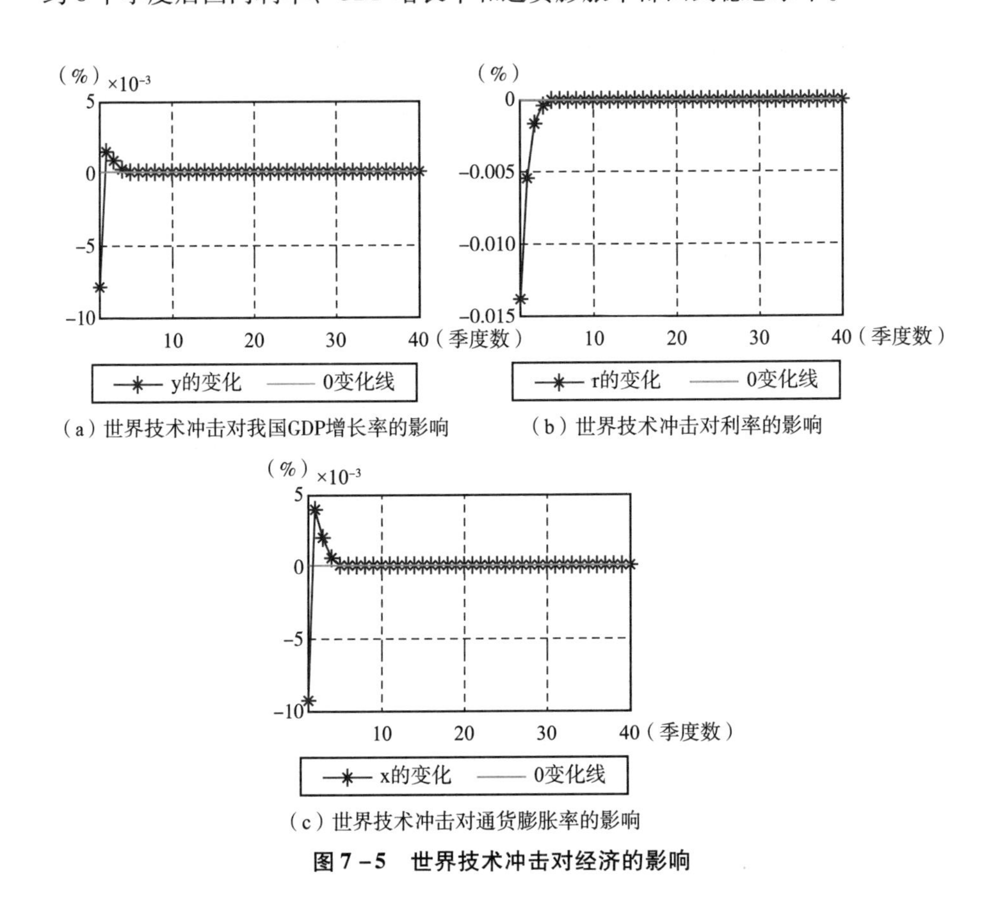

（a）世界技术冲击对我国GDP增长率的影响

（b）世界技术冲击对利率的影响

（c）世界技术冲击对通货膨胀率的影响

图 7－5　世界技术冲击对经济的影响

三、结论

从我国市场利率对通胀、GDP 和汇率波动的反应系数上看，银行间同业拆借利率对通货膨胀率和 GDP 的敏感度较高，而对人民币汇率波动的敏感度较小。其主要原因是我国央行对利率和汇率都有一定程度的管制，人民币汇率和利率的联动机制较弱。从银行间同业拆借利率对金融状况指数的反应系数上说明，中央银行在设定利率时考虑了金融市场和资产价格因素，对金融形势过于宽松的状况作出反应，但反应较小，表明目前中国利率较少考虑资本市场因素的特征，市场化仍需进一步推进。

从蒙特卡罗马尔可夫链的模拟结果上看，在人民币升值冲击过程中，市场利率起到了“内在稳定器”的作用，通过降低名义利率的方式来抵消升值冲击对经济造成的影响，名义利率的下降最终导致 GDP 的增加和通货膨胀率的上升，人民币升值冲击对宏观经济的短期作用是扩张性的。此外，正的利率冲击能使 GDP 和通货膨胀率下降，说明紧缩性的利率政策制度能够抑制经济过热的现象。由此可以看出，在开放经济下，我国利率规则具有调控宏观经济的能力，利率可以作为我国货币政策中介目标。

附录1　数　　据

表1　　可观测变量的季度数据

时间	实际产出增长率（%）	通货膨胀率（%）	利率（%）	汇率变化率（%）	价格贸易条件变化率（%）
2000q2	7.5530	-0.2442	2.3833	-0.0064	1.5589
2000q3	3.5502	0.1551	2.3567	0.0133	-1.6387
2000q4	-3.3526	0.6277	2.3867	-0.0173	-2.9934
2001q1	0.1193	-0.1102	2.6100	-0.0060	-0.1141
2001q2	5.8066	0.6897	2.4967	-0.0012	-1.6894
2001q3	3.1990	-0.6612	2.4300	-0.0020	2.0830
2001q4	2.1420	-1.0693	2.3533	-0.0008	5.6514
2002q1	-3.4385	-0.3353	2.2977	-0.0016	-1.8345
2002q2	7.5384	-0.4490	2.1037	0.0032	-3.7766
2002q3	3.5678	0.2575	2.0317	-0.0024	-0.7294
2002q4	0.2653	0.2346	2.1430	0.0020	4.2294
2003q1	-0.9046	0.9515	2.1177	0.0012	-13.8760
2003q2	4.4715	0.2538	2.0300	-0.0012	6.2897
2003q3	4.9846	0.2093	2.3433	0.0016	-1.2614
2003q4	0.0721	1.6571	2.5467	-0.0032	8.8529
2004q1	1.1848	0.2593	2.2367	0.0020	-22.5941
2004q2	5.3973	1.4269	2.3200	-0.0016	7.9007
2004q3	4.9758	0.7504	2.3100	-0.0020	6.1642

续表

时间	实际产出增长率（%）	通货膨胀率（%）	利率（%）	汇率变化率（%）	价格贸易条件变化率（%）
2004q4	3.4833	-1.8624	2.1700	-0.0028	9.2274
2005q1	19.1731	-0.4108	2.1000	0.0000	-6.2504
2005q2	1.6787	-0.9163	1.6667	0.0000	2.0425
2005q3	2.8555	-0.5043	1.5533	-1.6311	1.9272
2005q4	4.6555	0.0219	1.6033	-0.7514	1.7011
2006q1	4.2098	-0.1537	1.4700	-0.4125	-4.4142
2006q2	1.6925	0.0549	1.7603	-0.4808	5.1067
2006q3	1.7855	0.0439	2.2924	-0.5678	2.6391
2006q4	7.3721	0.6537	2.5762	-1.2923	7.1566
2007q1	0.9980	0.7677	2.3525	-1.3370	-7.9042
2007q2	2.2694	0.9637	2.9275	-1.0851	4.9192
2007q3	0.4820	2.1069	3.4100	-1.5715	-0.2702
2007q4	8.3615	0.6250	3.4767	-1.7658	0.3364
2008q1	6.5951	1.2244	3.0866	-3.6861	-11.8037
2008q2	3.4526	-0.3096	3.3366	-2.9531	2.8570
2008q3	2.8010	-2.2478	3.1500	-1.6900	5.5662
2008q4	4.5808	-2.6430	2.4400	-0.0261	14.8779
2009q1	0.7661	-3.2085	1.0100	-1.6079	-10.2648
2009q2	4.4422	-0.9138	1.0200	-0.1042	-17.3063
2009q3	6.8767	0.2925	1.5600	1.5498	-0.4764
2009q4	4.6298	1.6919	1.5100	-0.0503	5.9940
2010q1	2.5318	1.5567	1.6619	-0.0103	-15.5600
2010q2	1.8988	0.8420	2.0963	-0.0518	6.4209
2010q3	2.1245	0.5582	2.1712	-0.7694	5.1830
2010q4	8.8218	1.0861	3.1712	-1.6681	-1.1863
2011q1	0.5051	0.3489	4.1712	-1.1568	-17.1519

续表

时间	实际产出增长率（%）	通货膨胀率（%）	利率（%）	汇率变化率（%）	价格贸易条件变化率（%）
2011q2	-12.6071	0.6305	5.1712	-1.2622	10.2734
2011q3	2.1091	0.5019	6.1712	-1.3094	2.5557
2011q4	-30.3143	-1.5934	7.1712	-1.1994	-2.9426
2012q1	38.1816	0.5305	3.9376	-0.5316	-10.2153
2012q2	4.8248	-0.3344	3.3637	-0.0227	12.8927
2012q3	-2.6382	0.3322	3.5366	0.4357	1.7952
2012q4	-8.1222	0.2660	3.3102	-0.5487	0.3957
2013q1	26.5523	0.3984	3.3094	-0.3318	-11.1527
2013q2	2.6223	-0.1335	4.6887	-1.1888	6.9156
2013q3	-20.5807	0.4645	4.0251	-0.6151	-1.2853

注：可观测变量分别是我国的实际产出增长率、通货膨胀率、名义短期利率、汇率的变化率及价格贸易条件的变化率。

附录2　参数的分布

2.1　参数的先验分布和后验分布

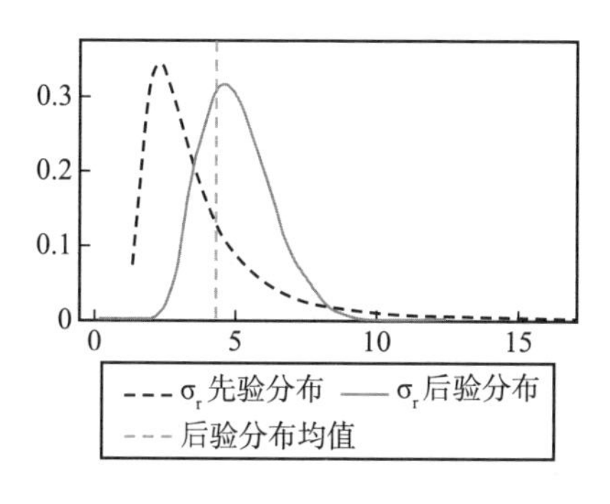

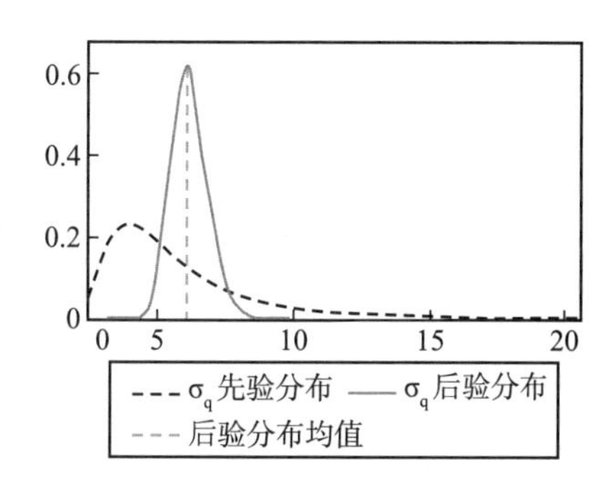

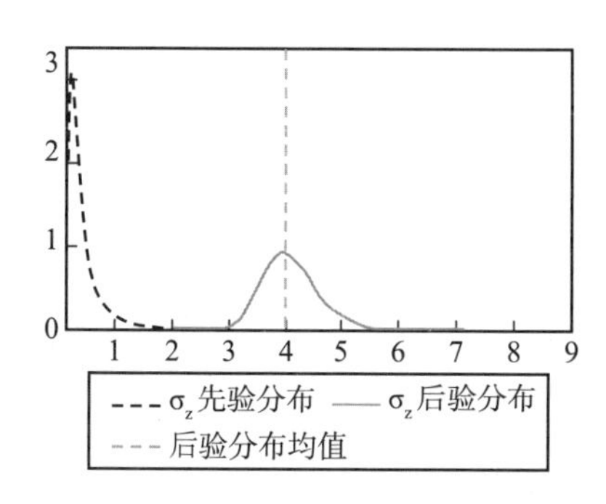

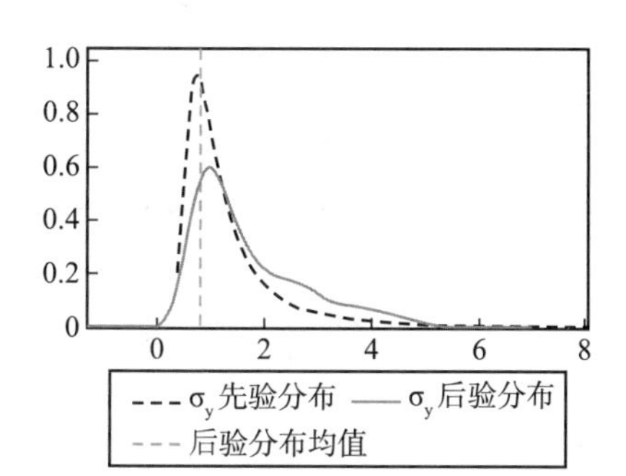

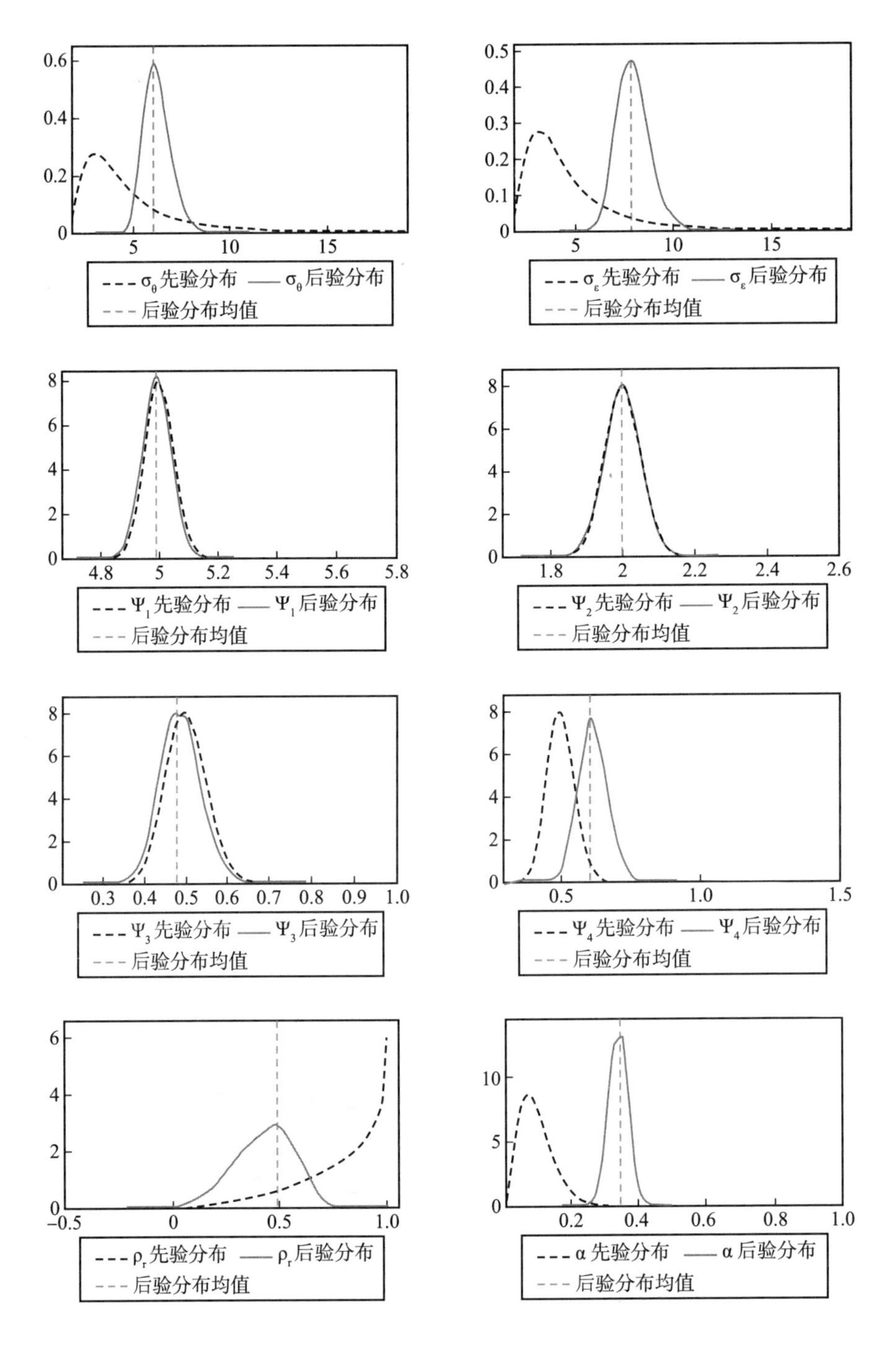

σθ 先验分布
σθ 后验分布
后验分布均值
σε 先验分布
σε 后验分布
后验分布均值
Ψ1 先验分布
Ψ1 后验分布
后验分布均值
Ψ2 先验分布
Ψ2 后验分布
后验分布均值
Ψ3 先验分布
Ψ3 后验分布
后验分布均值
Ψ4 先验分布
Ψ4 后验分布
后验分布均值
ρr 先验分布
ρr 后验分布
后验分布均值
α 先验分布
α 后验分布
后验分布均值

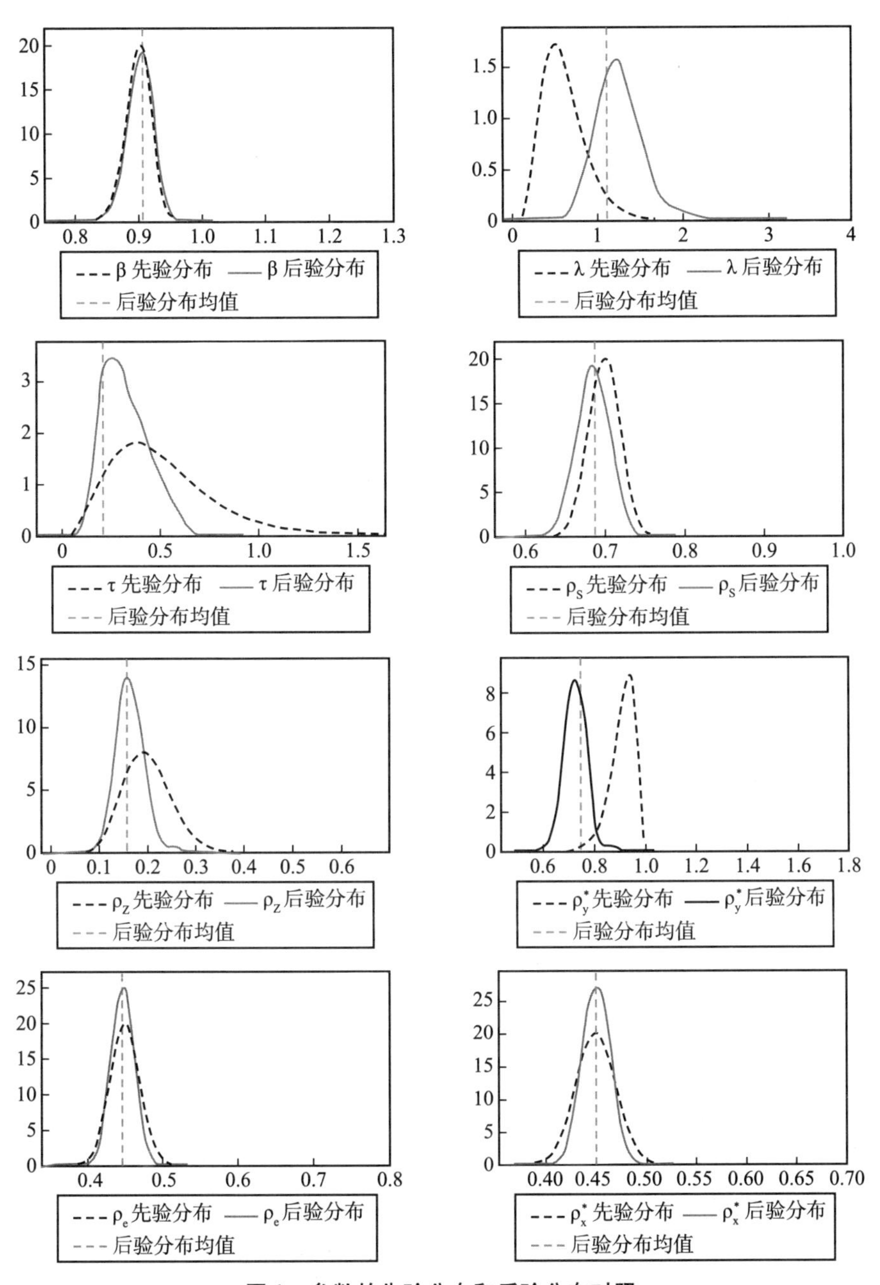

图 1　参数的先验分布和后验分布对照

2.2 蒙特卡洛收敛性诊断

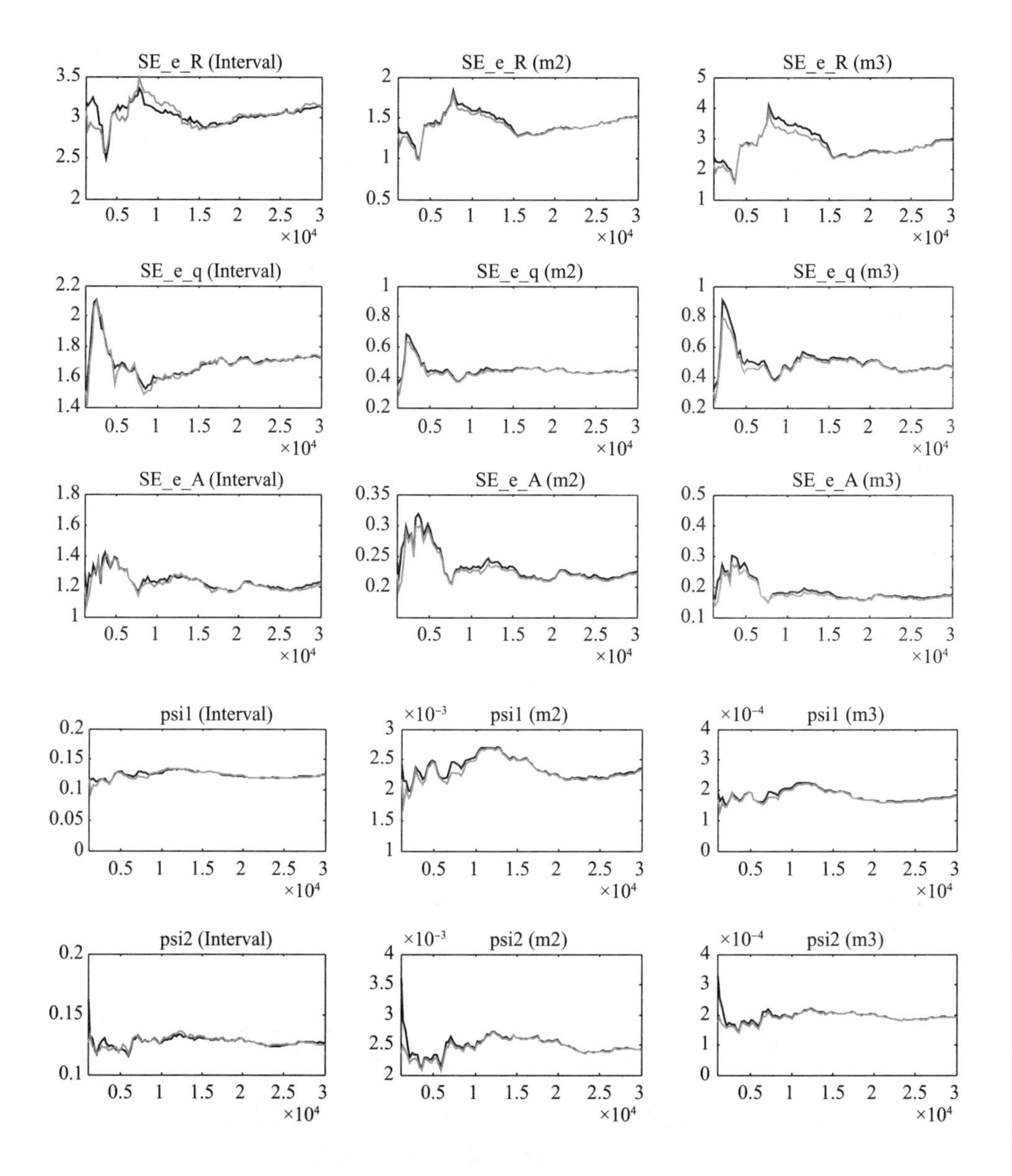

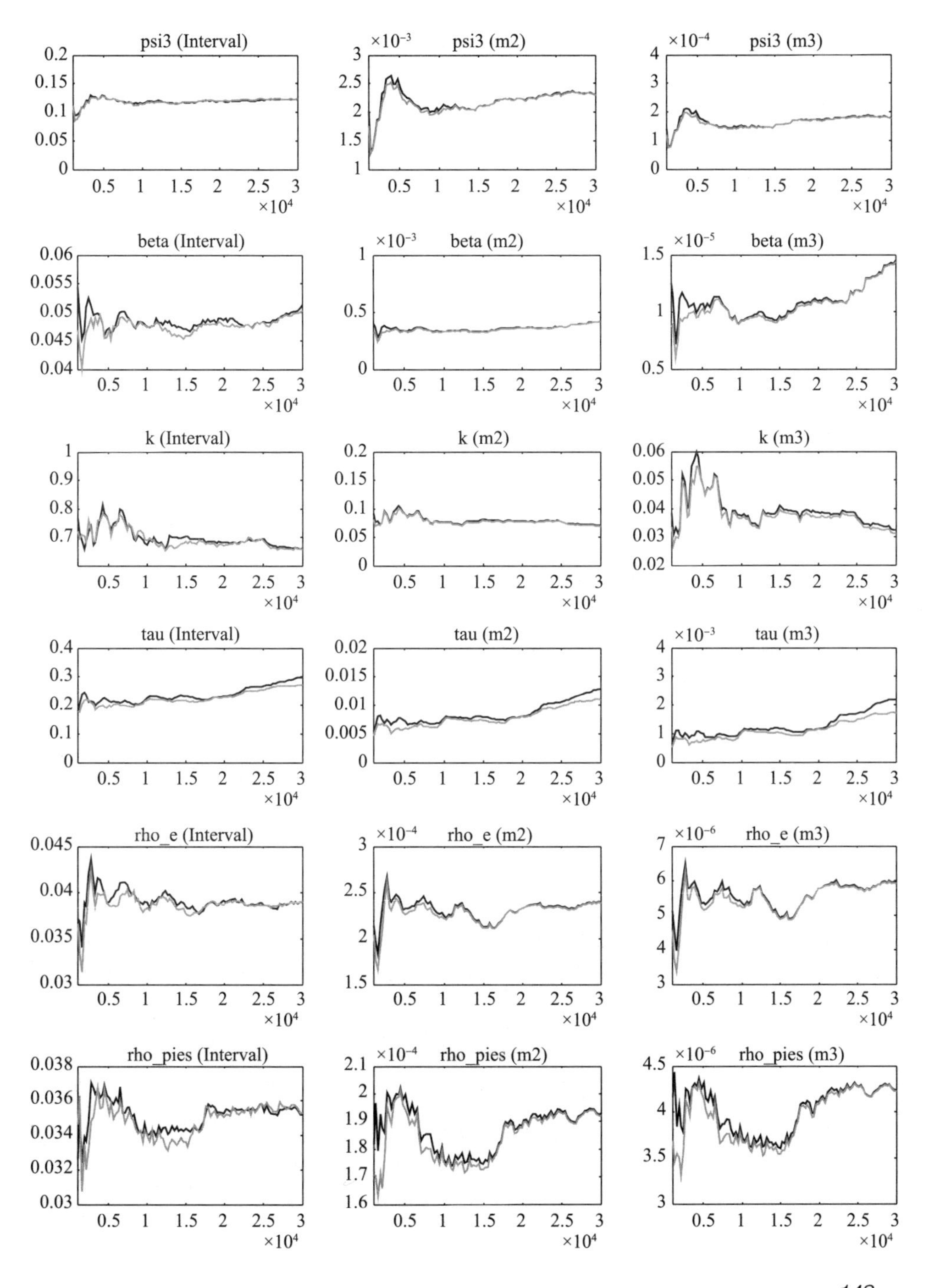
psi3 (Interval)
psi3 (m2)
×10⁻³
psi3 (m3)
×10⁻⁴
beta (Interval)
beta (m2)
×10⁻³
beta (m3)
×10⁻⁵
k (Interval)
k (m2)
k (m3)
tau (Interval)
tau (m2)
tau (m3)
×10⁻³
rho_e (Interval)
rho_e (m2)
×10⁻⁴
rho_e (m3)
×10⁻⁶
rho_pies (Interval)
rho_pies (m2)
×10⁻⁴
rho_pies (m3)
×10⁻⁶
×10⁴

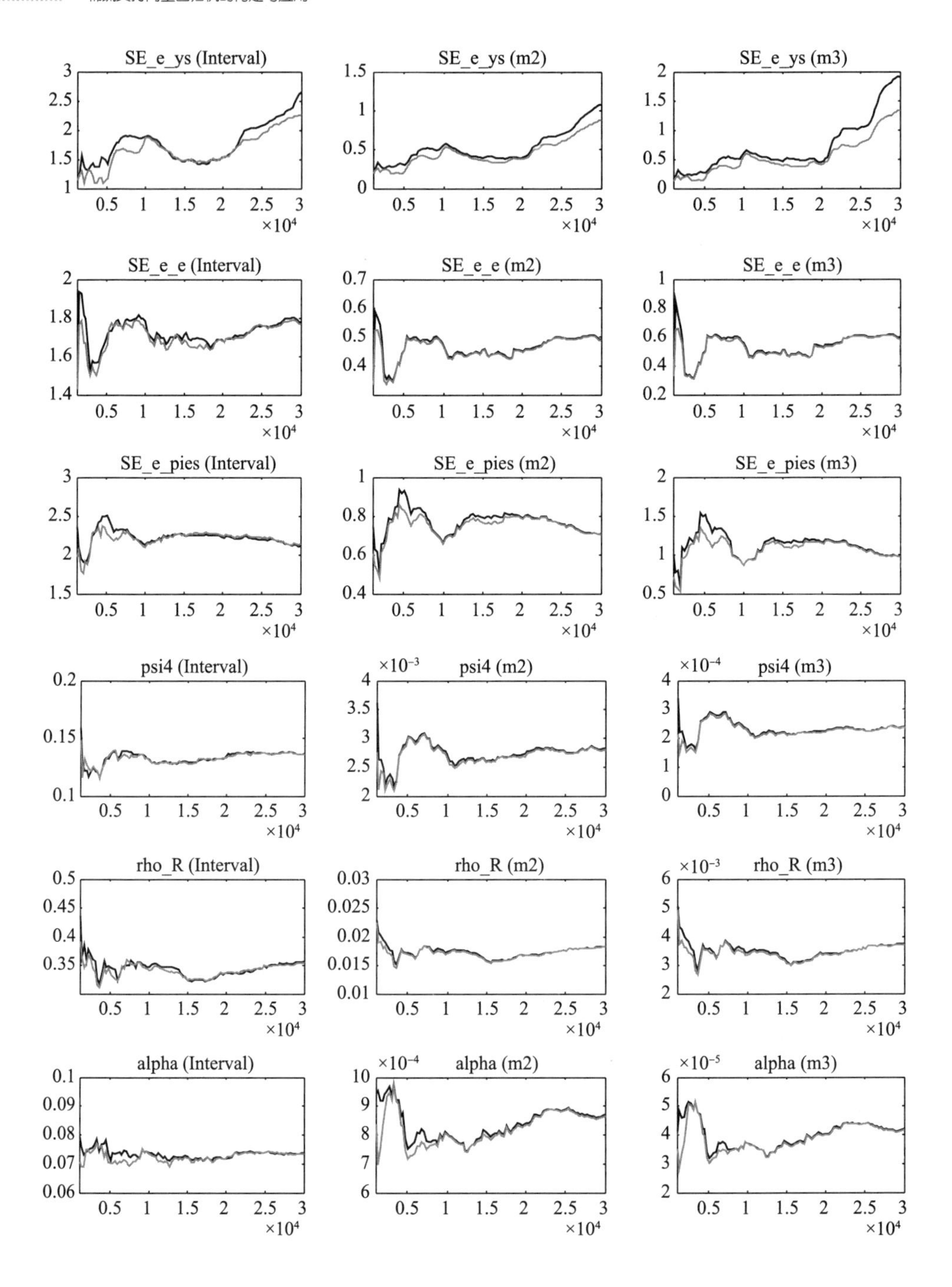
SE_e_ys (Interval)
SE_e_ys (m2)
SE_e_ys (m3)
SE_e_e (Interval)
SE_e_e (m2)
SE_e_e (m3)
SE_e_pies (Interval)
SE_e_pies (m2)
SE_e_pies (m3)
psi4 (Interval)
psi4 (m2)
psi4 (m3)
rho_R (Interval)
rho_R (m2)
rho_R (m3)
alpha (Interval)
alpha (m2)
alpha (m3)
×10⁴

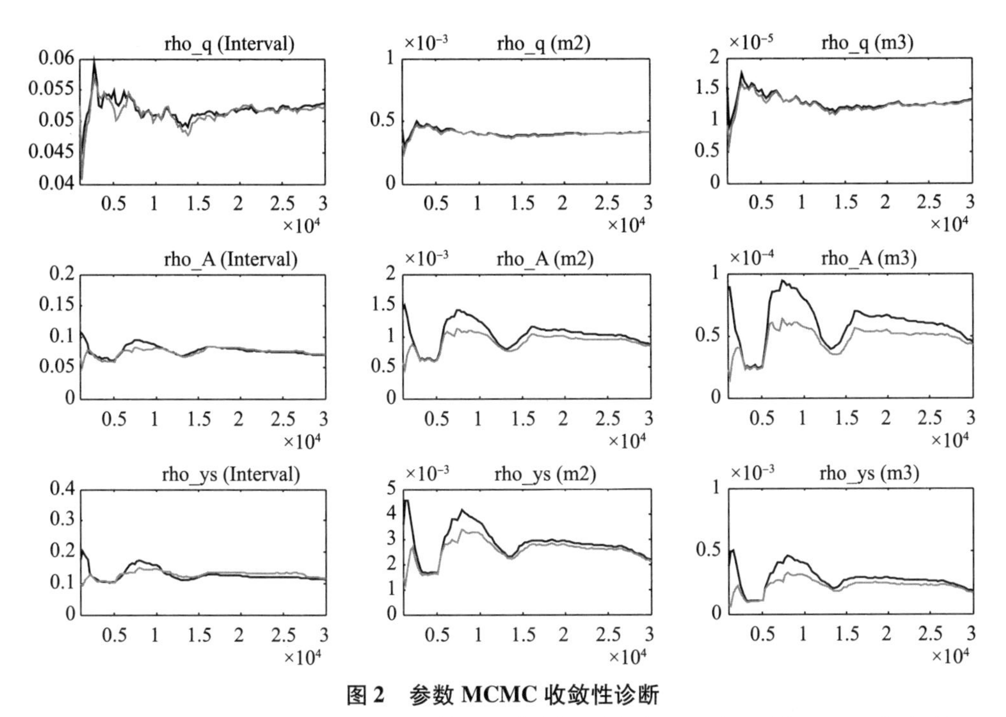

图2　参数MCMC收敛性诊断

注：图的横轴表示 Metropolis - Hastings 抽样的迭代次数，总共有30000次。图中“interval”表示参数80%置信区间的区间长度，“m2”表示参数的方差，“m3”表示参数的三阶矩。图形中的两条曲线表示不同的蒙特卡罗马尔可夫链（Monte Carlo Markov Chain，MCMC），并且所有 Metropolis - Hastings 抽样的蒙特卡罗马尔可夫链在这两条曲线之间。由图中可以看出各参数的蒙特卡罗马尔可夫链（包括参数的80%置信区间的区间长度、参数的方差和参数的三阶矩）都收敛到某个常数值。

参考文献

[1] 卞志村．泰勒规则的实证问题及在中国的检验［J］．金融研究，2006(8)：56－69．

[2] 蔡跃洲，吉昱华．规则行事、泰勒规则及其在中国的适用性［J］．经济评论，2004（2）：89－93．

[3] 曹惠玲，杨路，林钰森，等．基于支持向量回归机的航空发动机异常检测研究［J］．机械科学与技术，2013，32（11）：1616－1619．

[4] 陈海燕，杨冰欣，徐涛，等．基于模糊支持向量回归的机场噪声预测［J］．南京航空航天大学学报，2013，45（5）：722－726．

[5] 陈昆亭，龚六堂．粘滞价格模型以及对中国经济的数值模拟——对基本 RBC 模型的改进［J］．数量经济技术经济研究，2006（8）：106－117．

[6] 陈钟国．混合多个 SVR 模型的金融时间序列预测［J］．研究与设计，2013，29（3）：17－23．

[7] 戴国强，方鹏飞．监管创新、利率市场化与互联网金融［J］．现代经济探讨，2014（7）：64－67．

[8] 戴国强，张建军．中国金融状况指数对货币政策传导作用研究［J］．财经研究，2009（7）：52－62．

[9] 邓永亮，李薇．汇率波动、货币政策传导渠道及有效性［J］．财经科学，2010（265）：1－9．

[10] 封北麟，王贵民．金融状况指数 FCI 与货币政策反应函数经验研究［J］，财经研究，2006（12）：53－64．

[11] 封思贤，蒋伏心，等．金融状况指数预测通胀趋势的机理与实证［J］．中国工业经济，2012（4）：18－30．

[12] 贺云松．利率规则的福利成本及对我国货币政策的启示——基于新

凯恩斯 DSGE 模型的分析 [J]. 华东经济管理, 2010 (24): 73-78.

[13] 黄志刚. 加工贸易经济中的汇率传递：一个 DSGE 模型分析 [J]. 金融研究, 2009 (11): 32-48.

[14] 李成, 王彬, 马文涛. 资产价格、汇率波动与最优利率规则 [J]. 经济研究, 2010 (3): 91-103.

[15] 李从珠, 姜铁军. 统一市场下的成份股票指数编制方法研究 [J]. 中国管理科学, 2002, 10 (1): 11-16.

[16] 李建军. 中国货币状况指数与未观测货币金融状况指数 [J]. 金融研究, 2008 (11): 56-75.

[17] 李胜连, 李雨康, 黄立军. 基于改进熵值法的宁夏生态移民发展能力评价 [J]. 统计与决策, 2016 (4): 65-67.

[18] 李文溥, 李鑫. 利率平滑化与产出、物价波动——一个基于泰勒规则的研究 [J]. 南开经济研究, 2010 (1): 36-50.

[19] 李震, 王新新. 互联网商务平台生态系统构建对顾客选择模式影响研究 [J]. 上海财经大学学报, 2016 (4): 67-82.

[20] 刘斌. 我国 DSGE 模型的开发及在货币政策分析中的应用 [J]. 金融研究, 2008 (10): 1-21.

[21] 刘江. 对泰勒规则扩展形式的理性思考 [J]. 中南民族大学学报, 2005 (125): 107-108.

[22] 刘明志. 货币供应量和利率作为货币政策中介目标的适应性 [J]. 金融研究, 2006 (1): 51-63.

[23] 卢卉. 泰勒规则在我国的适应性评析及其修正 [J]. 上海金融, 2005 (4): 24-26.

[24] 陆军, 梁静瑜. 中国金融状况指数的构建 [J]. 世界经济, 2007 (4): 13-24.

[25] 陆军, 刘威, 李伊珍. 新凯恩斯菲利普斯曲线框架下的中国时变金融状况指数 [J]. 财经研究, 2011 (37): 61-70.

[26] 孙涵, 付晓灵, 张先锋. 基于支持向量回归机的中国煤炭长期需求预测 [J]. 中国地质大学学报 (社会科学版), 2011 (5): 15-18.

[27] 唐曾, 韩兴勇. 基于主成分分析法的中国水产苗种产业区域划分及影响因素研究 [J]. 中国农学通报, 2014 (2): 89-94.

[28] 王宏涛, 张鸿. 中国 CGG 货币规则模型的建立及其实证研究 [J].

商业研究，2011（6）：134－140.

［29］王虎、王宇伟，范从来．股票价格具有货币政策指示器功能吗［J］．金融研究，2008（6）：94－108.

［30］王建国．泰勒规则与我国货币政策反应函数的实证研究［J］．数量经济技术经济研究，2006（1）：43－49.

［31］王瑞雪，刘渊．GAFSA 优化 SVR 的网络流量预测模型研究［J］．计算机应用研究，2013，30（3）：856－860.

［32］王玉宝．金融形势指数（FCI）的中国实证［J］．上海金融，2005（8）：29－33.

［33］王治．基于混沌粒子群优化 SVR 的网络流量预测［J］．计算机仿真，2011，28（5）：151－154.

［34］吴辰，姚宏，彭兴钊，等．支持向量回归机在飞机气动力建模中的应用［J］．计算机仿真，2013，30（10）：128－132.

［35］肖奎喜，徐世长．广义泰勒规则与中央银行货币政策反应函数估计［J］．数量经济技术经济研究，2011（5）：125－138.

［36］谢国强．基于支持向量回归机的股票价格预测［J］．计算机仿真，2012（4）：379－382.

［37］谢平，罗雄．泰勒规则及其在中国货币政策中的检验［J］．经济研究，2002（3）：3－12.

［38］谢平，邹传伟，刘海二．互联网金融模式研究［J］．金融研究，2012（12）：11－22.

［39］许伟，陈斌开．银行信贷与中国经济波动：1993－2005［J］．经济学，2009（3）：969－994.

［40］许振明，洪荣彦．新凯恩斯 DSGE 模型与货币政策法则之汇率动态分析［J］．广东金融学院学报，2008（23）：6－27.

［41］杨绍基．我国银行间债券回购利率影响因素的实证研究［J］．南方金融，2005（8）：30－32.

［42］杨武，宋盼，解时宇．基于季度数据的区域科技创新景气指数研究［J］．科研管理，2015（5）：55－64.

［43］杨新臣，吴仰儒．中国消费者物价指数预测—基于小波变换与支持向量回归的分析［J］．山西财经大学学报，2010（35）：1－8.

［44］杨英杰．泰勒规则与麦克勒姆规则在中国货币政策中的检验［J］.

数量经济技术经济研究，2002（12）：97－100.

［45］杨兆升，王媛，管青．基于支持向量机方法的短时交通流量预测方法［J］．吉林大学学报（工学版），2006，36（6）：881－884.

［46］叶娅芬．基于DSGE模型的中国货币政策规则有效性研究［D］．杭州：浙江工商大学，2011.

［47］叶娅芬，等．基于DSGE模型的中国货币政策规则适用性研究［J］．浙江工业大学学报，2014（42）：226－230.

［48］于滨，杨忠振，林剑艺．应用支持向量机预测公交车运行时间［J］．系统工程理论与实践，2007，27（4）：160－176.

［49］喻忠磊，唐于渝，张华，梁进社．中国城市舒适性的空间格局与影响因素［J］．地理研究，2016（9）：1783－1798.

［50］袁靖，薛伟．基于不平衡面板的中国金融状况指数构建［J］．金融理论研究，2001（6）：2－7.

［51］张秋水，罗林开，刘晋明．基于支持向量机的中国上市公司财务困境预测［J］．计算机应用，2006，26（6）：105－107.

［52］张世军，程国胜，蔡吉花，等．基于网络舆情支持向量机的股票价格预测研究［J］．数学的实践与认识，2013，43（24）：33－40.

［53］张晓慧．关于资产价格与货币政策问题的一些思考［J］．金融研究，2009（349）：1－6.

［54］张屹山，张代强．包含货币因素的利率规则及其在我国的实证检验［J］．经济研究，2008（12）：66－74.

［55］张苑秋，田军，冯耕中．基于网络层次分析法的应急物资供应能力评价模型［J］．管理学报，2015（12）：1853－1859.

［56］赵进文，高辉．中国利率市场化主导下稳健货币政策规则的构建及应用［J］．经济学（季刊），2004（3）：41－64.

［57］郑桂环，徐红芬，刘小辉．金融压力指数的构建及应用［J］．金融发展评论，2014（8）：50－62.

［58］郑挺国，刘金全．区制转移形式的“泰勒规则”及其在中国货币政策中的应用［J］．经济研究，2010（3）：40－52.

［59］Acs Z. J. and Szerb L. The global entrepreneurship index（GEINDEX）［J］. Foundations and Trends in Entrepreneurship，2009，5（5）：341－435.

［60］Ahmad Kazem，Ebrahim Sharifi，Farookh Khadeer Hussain，Morteza

Saberi, Omar Khadeer Hussain. Support vector regression with chaos-based firefly algorithm for stock market price forecasting [J]. Applied Soft Computing, 2013 (13): 947 -958.

[61] Alberto Montagnoli, Oreste Napolitano. Financial Condition Index and Interest Rate Settings: Comparative Analysis [R]. University of Naples Working Paper, 2005, number 8.

[62] Anand P., Rastogi R., Chandra S. A new asymmetric? insensitive pinball loss function based support vector quantile regression model [J]. Applied Soft Computing, 2020, 94: 106473.

[63] Arslan O. Weighted LAD - LASSO method for robust parameter estimation and variable selection in regression [J]. Computational Statistics & Data Analysis, 2012, 56 (6): 1952 - 1965.

[64] Bai L., Wang Z., Shao Y. H., et al. A novel feature selection method for twin support vector machine [J]. Knowledge - Based Systems, 2014, 59: 1 -8.

[65] Balcilar M., Thompson K., Gupta R. and van Eyden R. Testing the asymmetric effects of financial conditions in South Africa: A nonlinear vector autoregression approach. Journal of International Financial Markets [J]. Institutions and Money, 2016, 43: 30 -43.

[66] Batini, N., Turnbull K. A dynamic monetary conditions index for the UK [J]. 2002 (24): 257 -281.

[67] Beaton K., Lalonde R., and Luu C. A financial conditions index for the United States [J]. Bank of Canada Discussion Paper, 2009.

[68] Belloni A., Chernozhukov V. L_1 - penalized quantile regression in high-dimensional sparse models [J]. The Annals of Statistics, 2011, 39 (1): 82 - 130.

[69] Bi J., Bennett K., Embrechts M., et al. Dimensionality reduction via sparse support vector machines [J]. Journal of Machine Learning Research, 2003, 3 (Mar): 1229 - 1243.

[70] Bi J., Bennett. K. P. A geometric approach to support vector regression [J]. Neuro computing, 2003, (55): 79 - 108.

[71] Blackman A. W., Seligman E. J. and Sogliero G. C. An innovation index based on factor analysis [J]. Technological Forecasting and Social Change, 1973, 4

(3): 301 -316.

[72] Bollen J. , Van de, Sompel H. , Hagberg A. and Chute R. A principal component analysis of 39 scientific impact measures [J]. Plos one, 2009, 4 (6): e6022.

[73] Bradley P. S. , Mangasarian O. L. Feature selection via concave minimization and support vector machines [C]. The Fifth International Conference on Machine Learning, 1998, 98: 82 -90.

[74] Brave S. , Butters R. A. Monitoring financial stability: a financial conditions index approach [J]. Economic Perspectives, Federal Reserve Bank of Chicago, 2011: 22 -43.

[75] Burges C. A tutorial on support vector machines for pattern recognition [J]. Data Min Knowl Discov, 1998 (2): 121 -167.

[76] Castelnuovo E. Monetary policy shocks and financial conditions: A Monte Carlo experiment [J]. Journal of International Monetary and Finance, 2013 (32): 282 -303.

[77] Chen K. Y. Forecasting systems reliability based on support vector regression with genetic algorithms [J]. Reliability Engineering & System Safety, 2007, 92 (4): 423 -432.

[78] Chen W. and Tian Y. Dynamic Simulation of Stock Market Based on SVM With Different Parameter Optimization Methods [C]. In Proceedings of the Fourth International Forum on Decision Sciences, 2017: 131 -138.

[79] Chi -Jie Lu, Tian -Shyug Lee, Chih -Chou Chiu. Financial time series forecasting using independent component analysis and support vector regression [J]. Decision Support Systems, 2009, (47): 115 -125.

[80] Chun - Hsin Wu. Travel time prediction with support vector regression [J]. IEEE Transanctions on Intelligent Transportation Systems, 2004, 5 (4): 276 - 281.

[81] Cortes C. , Vapnik V. N. Support Vector Networks [J]. Machine Learning, 1995, (20): 273 -297.

[82] Dhar V. Data science and prediction [J]. Communications of the ACM, 2013, 56 (12): 64 -73.

[83] Dondelinger F. , Mukherjee S. The joint lasso: high-dimensional regres-

sion for group structured data [J]. Biostatistics, 2020, 21 (2): 219 -235.

[84] Doquire G., Verleysen M. A graph Laplacian based approach to semi-supervised feature selection for regression problems [J]. Neurocomputing, 2013 (121): 5 -13.

[85] Drucker H., Burges C. J., Kaufman L., Smola A. J., Vapnik V. Support vector regression machines [J]. Advances in Neural Information Processing Systems, 1997: 155 -161.

[86] Dutta S. and Lanvin B. The global innovation index 2012 [J]. Stronger innovation linkages for global, 2012.

[87] D'Antonio P., DiClemente R. and Schoenholtz K. A View of the U. S. Subprime Crisis [J]. EMA Special Report, Citigroup Global Markets Inc, 2008: 26 -28.

[88] Eika K. H., Ericsson N. R., Nymoen R. Hazards in Implementing a Monetary Conditions Index [J]. Oxford Bulletin of Economics and Statistics, 1996 (58): 765 -790.

[89] Furlani L. G. C., Portugal M. S., Laurini M. P. Exchange rate movements and monetary policy in Brazil: Econometric and simulation evidence [J]. Economic Modelling, 2010, 27 (1): 284 -295.

[90] Galí J., Monacelli T. Monetary policy and exchange rate volatility in a small open economy [J]. Review of Economic Studies, 2005 (72): 707 -734.

[91] Gauthier C., Graham C., and Liu Y. Financial conditions indexes for Canada [C]. Bank of Canada Working Paper 22, 2004.

[92] Goodhart C., Hofmann B. Asset prices, financial conditions, and the transmission of monetary policy [C]. Paper presented for the conference on Asset prices, exchange rates, and monetary policy, Stanford University, 2001.

[93] Gu J., Zhu M., Jiang L. Housing price forecasting based on genetic algorithm and support vector machine [J]. Expert Systems with Applications, 2011 (38): 3383 -3386.

[94] Guyon I., Elisseeff A. An introduction to variable and feature selection [J]. Journal of machine learning research, 2003, 3 (Mar): 1157 -1182.

[95] Guzman Y. A. Theoretical advances in robust optimization, feature selection, and biomarker discovery [D]. Princeton University, 2016.

[96] Hatzius J., Hooper P., Mishkin F. S., et al. Financial conditions indexes: A fresh look after the financial crisis [R]. National Bureau of Economic Research, 2010.

[97] Hooper P., Slok T. and Dobridge C. Improving Financial Conditions Bode Well for Growth [J]. Deutsche Bank, Global Economic Perspectives, 2010.

[98] Hua X. Y., Yang Z. M., Ye Y. F., et al. A novel dynamic financial conditions index approach based on accurate online support vector regression [J]. Procedia Computer Science, 2015, 55: 944 -952.

[99] Junshui Ma, James Theiler, Simon Perkins. Accurate online support vector regression [J]. Neural Computation, 2003 (15): 2683 -2703.

[100] Ma J. S., Theiler J. & Perkins S. Accurate on-line support vector regression [J]. Neural Computation, 2003 (15): 2683 -2703.

[101] Kazem A., Sharifi E., Hussain F. K., Saberi M., Hussain O. K. Support vector regression with chaos-based firefly algorithm for stock market price forecasting [J]. Applied Soft Computing, 2013 (13): 947 -958.

[102] Khemchandani R., Jayadeva, Chandra S. Regularized least squares fuzzy support vector regression for financial time series forecasting [J]. Expert Systems with Applications, 2009 (36): 132 -138.

[103] Koenker R., Gilbert B. Jr. Regression quantiles [J]. Econometrica: Journal of the Econometric Society, 1978: 33 -50.

[104] Koenker R., Hallock K. F. Quantile regression [J]. Journal of Economic Perspectives, 2001, 15 (4): 143 -156.

[105] Koenker R. Quantile regression for longitudinal data [J]. Journal of Multivariate Analysis, 2004, 91 (1): 74 -89.

[106] Kwong C. K., Ip W. H., Chan J. W. K. Combining scoring method and fuzzy expert systems approach to supplier assessment: a case study [J]. Integrated manufacturing systems, 2002.

[107] Li C. N., Shao Y. H., Zhao D., et al. Feature selection for high-dimensional regression via sparse LSSVR based on Lp-norm [J]. International Journal of Intelligent Systems, 2021, 36 (2): 1108 -1130.

[108] Li J., Cheng K., Wang S., et al. Feature selection: A data perspective [J]. ACM Computing Surveys (CSUR), 2017, 50 (6): 1 -45.

[109] Li X., Wang Y., Ruiz R. A survey on sparse learning models for feature selection [J]. IEEE Transactions on Cybernetics, 2020.

[110] Li Y., Li T., Liu H. Recent advances in feature selection and its applications [J]. Knowledge and Information Systems, 2017, 53 (3): 551 -577.

[111] Li Y., Zhu J. L_1-norm quantile regression [J]. Journal of Computational and Graphical Statistics, 2008, 17 (1): 163 -185.

[112] Liu Z., Lin S., Tan M. Sparse support vector machines with Lp penalty for biomarker identification [J]. IEEE/ACM Transactions on Computational Biology and Bioinformatics, 2008, 7 (1): 100 -107.

[113] Lubik, Thomas A., Schorfheide, Frank. Do central banks respond to exchange rate movements? A structural investigation [J]. Journal of Monetary Economics, 2007 (54): 1069 -1087.

[114] Lukas Meier, Sara van de Geer, Peter Bühlmann. The group lasso for logistic regression [J]. Journal of the Royal Statistical Society, 2008, 70 (1): 53 -71.

[115] Ma J., Theiler J., Perkins S. Accurate on-line support vector regression [J]. Neural Computation, 2003, 15 (11): 2683 -2703.

[116] Mangasarian O. L. Absolute value programming [J]. Computational optimization and applications, 2007, 36 (1): 43 -53.

[117] Mangasarian O. L. Solution of general linear complemetarity problems via nondifferentiable concave minimization [R], 1996.

[118] Meiyi Zhou, Lianqian Yin. Quantitative stock selection strategies based on kernel principal component analysis [J]. Journal of Financial Risk Management, 2020, 9: 23 -43.

[119] Onel M., Kieslich C. A., Guzman Y. A., et al. Big data approach to batch process monitoring: Simultaneous fault detection and diagnosis using nonlinear support vector machine-based feature selection [J]. Computers & Chemical Engineering, 2018, 115: 46 -63.

[120] O'Neil C., Schutt R. Doing data science: straight talk from the front line [M]. O'Reilly Media, Inc., 2013.

[121] Parrella F. Online support vector regression [J]. Master's Thesis, Department of Information Science, University of Genoa, Italy, 2007, 69.

[122] Peng X., Xu D. A local information-based feature-selection algorithm for data regression [J]. Pattern Recognition, 2013, 46: 2519 – 2530.

[123] Peng Xinjun, TSVR: An efficient Twin Support Vector Machine for regression [J]. Neural Networks, 2010, 23 (3): 365 – 372.

[124] Rosenberg, M. Financial Conditions Watch, Bloomberg, 2009.

[125] Saaty T. L. Analytic hierarchy process [J]. In Encyclopedia of operations research and management science, Springer US, 2013, 52 – 64.

[126] Saaty T. L. Decision making with the analytic hierarchy process [J]. International Journal of Services Sciences, 2008, 1 (1): 83 – 98.

[127] Sekeh S. Y., Ganesh M. R., Banerjee S., et al. A geometric approach to online streaming feature selection [J]. arXiv preprint arXiv: 1910.01182, 2019.

[128] Shu W., Qian W., Xie Y. Incremental feature selection for dynamic hybrid data using neighborhood rough set [J]. Knowledge – Based Systems, 2020, 194: 105516.

[129] Smola A., Schölkopf B. A tutorial on support vector regression [J]. Stat Comput, 2004 (14): 199 – 222.

[130] Song M., Breneman C., Bi J., Sukumar N., Bennett K., Cramer S., Tugcu N. Prediction of protein retention times in anion-exchange chromatography systems using support vector regression [J]. Journal of Chemical Information and Computer Sciences, 2002, 42: 1347 – 1357.

[131] Suykens J. A. K., Lukas L., van Dooren P., De Moor B., Vandewalle J. Least squares support vector machine classifiers: a large scale algorithm [C]. Proceedings of European Conference of Circuit Theory Design, 1999: 839 – 842.

[132] Suykens J. A. K., VanGestel T., DeBrabanter J., DeMoor B., Vandewalle J. Least Squares Support Vector Machines [J]. World Scientific, Singapore, 2002.

[133] Tan J. Y., Zhang Z. Z., Zhen L., Zhang C. H., Deng N. Y. Adaptive feature selection via a new version of support vector machine [J]. Neural Comput, 2013 (23): 937 – 945.

[134] Tanveer M., Mangal M., Ahmad I., Shao Y. H. One norm linear pro-

gramming support vector regression [J]. Neurocomputing, 2016, 173: 1508 - 1518.

[135] Tayal A., Coleman T. F., Li Y. Primal explicit max margin feature selection for nonlinear support vector machines [J]. Pattern recognition, 2014, 47 (6): 2153 - 2164.

[136] Taylor J. B. Discretion versus policy rules in practice [J]. Carnegie - Rochester Conference Series on Public Policy, 1993 (39): 196 - 214.

[137] Tian Y., Shen S., Lu G., et al. Bayesian LASSO - Regularized quantile regression for linear regression models with autoregressive errors [J]. Communications in Statistics - Simulation and Computation, 2019, 48 (3): 777 - 796.

[138] Tibshirani R. Regression shrinkage and selection via the lasso [J]. Journal of the Royal Statistical Society. Series B (Methodological), 1996, 58 (1): 207 - 288.

[139] Troy D. Matheson. Financial conditions indexes for the United States and euro area [J]. Economics Letters, 2012 (115): 441 - 446.

[140] Uçak K., Günel G. Ö. An adaptive sliding mode controller based on online support vector regression for nonlinear systems [J]. Soft Computing, 2020, 24 (6): 4623 - 4643.

[141] Vapnik V. Statistical learning theory [M]. Wiley, New York, 1998.

[142] Wang H, Pan X, Xu Y. Simultaneous safe feature and sample elimination for sparse support vector regression [J]. IEEE Transactions on Signal Processing, 2019, 67 (15): 4043 - 4054.

[143] Wang J., Zhao P., Hoi S. C. H., et al. Online feature selection and its applications [J]. IEEE Transactions on Knowledge and Data Engineering, 2013, 26 (3): 698 - 710.

[144] Wang M., Kang X., Tian G. L. Modified adaptive group lasso for high-dimensional varying coefficient models [J]. Communications in Statistics - Simulation and Computation, 2022, 51 (11): 6495 - 6510.

[145] Wang Y., Jiang Y., Zhang J., et al. Robust variable selection based on the random quantile LASSO [J]. Communications in Statistics - Simulation and Computation, 2019: 1 - 11.

[146] Wu X., Yu K., Ding W., et al. Online feature selection with streaming features [J]. IEEE Transactions on Pattern Analysis and Machine Intelligence, 2012, 35 (5): 1178 - 1192.

[147] Xu Z., Zhang H., Wang Y., et al. $L_{1/2}$ regularization [J]. Science China Information Sciences, 2010, 53 (6): 1159 - 1169.

[148] Ya - Fen Ye, Hui Cao, Lan Bai, Zhen Wang, Yuan - Hai Shao. Exploring determinants of inflation in China based on L1 - e-twin support vector regression [J]. Procedia Computer Science, 2013, 17: 514 - 522.

[149] Ye Wang, Bo Wang, Xinyang Zhang. A new application of the support vector regression on the construction of financial conditions index to CPI prediction [J], Procedia Computer Science, 2012 (9): 1263 - 1272.

[150] Ye Y. F., Shao Y. H., Deng N. Y., et al. Robust Lp-norm least squares support vector regression with feature selection [J]. Applied Mathematics and Computation, 2017, 305: 32 - 52.

[151] Ye Y. F., Ying C., Jiang Y. X., et al. L_1-norm least squares support vector regression via the alternating direction method of multipliers [J]. Journal of Advanced Computational Intelligence and Intelligent Informatics, 2017, 21 (6): 1017 - 1025.

[152] Yu M., Shao L., Zhen X., et al. Local feature discriminant projection [J]. IEEE Transactions on Pattern Analysis and Machine Intelligence, 2016, 38 (9): 1908 - 1914.

[153] Yuan - Hai Shao, Chun - Hua Zhang, Zhi - Min Yang, Ling Jing, Nai - Yang Deng, An ε - twin support vector machine for regression [J]. Neural Computing & Application, 2013, 23 (1): 175 - 185.

[154] Zhai J., Boukouvala F. Nonlinear variable selection algorithms for surrogate modeling [J]. AIChE Journal, 2019, 65 (8): e16601.

[155] Zhang X, Zhang Y, Wang S, et al. Improving stock market prediction via heterogeneous information fusion [J]. Knowledge - Based Systems, 2018, 143: 236 - 247.

[156] Zhang C., Li D., Tan J. The Support Vector Regression with Adaptive Norms [J]. Procedia Computer Science, 2013 (18): 1730 - 1736.

[157] Zhou M., Yin L. Quantitative stock selection strategies based on kernel

principal component analysis [J]. Journal of Financial Risk Management, 2020, 9 (1): 23 -43.

[158] Zou H., Hastie T. Regularization and variable selection via the elastic net [J]. Journal of the Royal Statistical Society: Series B (Statistical Methodology), 2005, 67 (2): 301 -320.

[159] Zou Z. H., Yi Y. and Sun J. N. Entropy method for determination of weight of evaluating indicators in fuzzy synthetic evaluation for water quality assessment [J]. Journal of Environmental Sciences, 2006, 18 (5): 1020 -1023.

后　记

时间飞逝，转眼间工作已满十年，感谢学校、感谢恩师、感谢朋友、感谢家人，是你们的关心、支持和帮助，我才能安心、舒心、顺心工作。

2011 年我获得统计学博士学位后，加入我国著名优化专家邓乃扬教授带领的数据挖掘 OPTIMAL 团队（https：//i-do-lab. github. io/optimal-group. org/Member. html），2013 年加入浙江大学经济学院蒋岳祥教授的统计学研究团队，2018 年加入悉尼大学经济学院高俊斌教授的大数据研究团队。本人长期从事支持向量机研究，特别致力于稀疏性、鲁棒性和在线性问题的研究，并将设计的模型应用于动态指数构建问题、通货膨胀和经济增长等方面，拓展了数学、统计学和机器学习的交叉领域。

本书能够顺利出版，特别感谢国家自然科学基金“高维数据非线性稀疏支持向量分位数回归机的在线特征选择研究”（12101552），以及浙江省哲学社会科学领军人才培养基金“突发公卫事件引发的流动性风险跨市场传染及对策研究”（21YJRC07 - 1YB）的资助，同时也感谢经济科学出版社的编辑老师们！

叶娅芸

2023 年 12 月